无人系统技术出版工程

基于学习的无人机感知与规避

Learning based Sense-and-Avoid of UAVs

马兆伟　牛轶峰　王　菖　沈林成　著

国防工业出版社

·北京·

内 容 简 介

本书以无人机突发障碍这一意外事件为研究背景,主要研究单架无人机突遇障碍下的规避决策问题。针对搭载视觉传感器的轻小型无人机,本书主要介绍了自身载荷能力和计算能力受限条件下的无人机感知与规避控制技术及其自主学习方法。以基于行为分解的控制架构为基础,结合学习机制,详细介绍了两种显著性目标区域提取算法以及利用卷积与反卷积网络实现对深度距离的估计方法;结合无人机规避过程中对于感知与动作的描述,介绍了结合强化学习理论的无人机感知-规避的实现算法。本书可作为从事无人机相关领域研究的科研人员的参考资料。

图书在版编目(CIP)数据

基于学习的无人机感知与规避/马兆伟等著 . —北京:国防工业出版社,2023.2
ISBN 978-7-118-12799-7

Ⅰ.①基… Ⅱ.①马… Ⅲ.①无人驾驶飞机-研究
Ⅳ.①V279

中国国家版本馆 CIP 数据核字(2023)第 014495 号

※

*国防工业出版社*出版发行
(北京市海淀区紫竹院南路 23 号 邮政编码 100048)
天津嘉恒印务有限公司印刷
新华书店经售

*

开本 710×1000 1/16 印张 7¼ 字数 120 千字
2023 年 2 月第 1 版第 1 次印刷 印数 1—1500 册 定价 80.00 元

(本书如有印装错误,我社负责调换)

国防书店:(010)88540777 书店传真:(010)88540776
发行业务:(010)88540717 发行传真:(010)88540762

《无人系统技术出版工程》
编委会名单

主编 沈林成　吴美平

编委　(按姓氏笔画排序)

卢惠民　肖定邦　吴利荣　郁殿龙　相晓嘉

徐　昕　徐小军　陶　溢　曹聚亮

序

近年来,在智能化技术驱动下,无人系统技术迅猛发展并广泛应用:军事上,从中东战场到俄乌战争,无人作战系统已从原来执行侦察监视等辅助任务走上了战争的前台,拓展到察打一体、跨域协同打击等全域全时任务;民用上,无人系统在安保、物流、救援等诸多领域创造了新的经济增长点,智能无人系统正在从各种舞台的配角逐渐走向舞台的中央。

国防科技大学智能科学学院面向智能无人作战重大战略需求,聚焦人工智能、生物智能、混合智能,不断努力开拓智能时代"无人区"人才培养和科学研究,打造了一支晓于实战、甘于奉献、集智攻关的高水平科技创新团队,研发出"超级"无人车、智能机器人、无人机集群系统、跨域异构集群系统等高水平科研成果,在国家三大奖项中多次获得殊荣,培养了一大批智能无人系统领域的优秀毕业生,正在成长为国防和军队建设事业、国民经济的新生代中坚力量。

《无人系统技术出版工程》系列丛书的遴选是基于学院近年来的优秀科学研究成果和优秀博士学位论文。丛书围绕智能无人系统的"我是谁""我在哪""我要做什么""我该怎么做"等一系列根本性、机理性的理论、方法和核心关键技术,创新提出了无人系统智能感知、智能规划决策、智能控制、有人-无人协同的新理论和新方法,能够代表学院在智能无人系统领域攻关多年成果。第一批丛书中多部曾获评为国家级学会、军队和湖南省优秀博士论文。希望通过这套丛书的出版,为共同在智能时代"无人区"拼搏奋斗的同仁们提供借鉴和参考。在此,一并感谢各位编委以及国防工业出版社的大力支持!

吴美平

2022 年 12 月

前　言

近年来，无人机系统在军用领域和民用领域的应用潜力备受青睐。随之而来，系统的安全性和自主性也成为无人机执行复杂任务的必要条件。然而空地通信能力的受限和弱人机交互的情况给无人机的自主性能和安全性能带来极大挑战。特别是应对突发障碍情况时，无人机需要依赖自身携带的传感器与控制器，实现自主感知探测并完成自主规避控制。

本书以轻小型无人机为研究对象，以视觉传感器为基本感知手段，研究自身载荷能力和计算能力受限条件下的无人机感知与规避控制技术及其自主学习方法，构建了基于学习的无人机感知与规避系统的自主反应式控制框架。框架涵盖了无人机在规避过程中的感知与动作状态描述，及其所需要的关键模块构建途径，并融入学习机制，通过深度学习实现感知状态的表征与降维，以及利用强化学习构建了感知状态和无人机规避动作之间的映射关系，以实现无人机由感知信息到决策的反应式规避，通过训练和学习提升无人机在未知环境下的适应能力。

围绕无人机自主反应式控制框架，本书提出了无人机传感器前视条件下的显著性目标自主检测算法。受人类视觉注意机制启发，利用无人机机载的单目相机捕获图像，从图像背景和显著目标的幅度谱角度，提出了利用离散余弦变换和离散余弦反变换理论的显著性检测算法，实现了显著目标与背景图像的分割，通过抑制冗余背景的幅度谱，检测出显著性目标。针对特征表征难的问题，本书采用深度学习领域中的卷积网络，搭建了利用图像块进行显著性检测的深度卷积网络，将显著性检测问题转化为分类问题，利用滑动窗口方法实现了图像中的显著目标提取。提出了利用编码-反编码框架实现对复杂地面环境进行自主表征与深度距离估计算法。利用传统的编码-反编码网络提出多层自动编码网络算法,以及利用卷积与反卷积网络实现对深度距离的估计。地面环境的复杂性对无人机自主规避提出了挑战,首先利用编码-反编码网络搭建了深度自编码网络,实现对环境的表征,但是图像重构的结果忽略了图像中许多细节问题,为了更贴近规避的应用性,结合反卷积网络知识,提出了多尺度深度距离估计算法,实现对复杂环境的距离估计,然后以深度图像作为对于复杂环境的表征,并利用通用数据集验证了算法的有效性。

本书利用强化学习构建了无人机视觉感知与无人机规避动作的映射关系。针对值函数估计方法,结合无人机感知状态和动作的表征关系,通过神经网络实现对于值函数的估计,通过不断奖励学习实现无人机的规避应用。采用强化学习技术构建了三类学习映射网络(深度 Q 学习、深度双 Q 学习以及 Actor-Critic 架构网络)实现由感知图像到无人机离散、连续动作的映射,主要利用径向基神经网络、深度网络实现对网络中的决策函数拟合,并利用配对数据库实现对映射决策网络的训练,采用半实物仿真环境分别实现了不同算法的验证。

本书的出版先后得到了国家安全重大基础研究项目、国家自然科学基金(61876187)、国防科技大学"领军人才培养计划"等项目的支持,在此一并表示感谢。

作者

2021 年 6 月

目　录

第1章　绪论 ……………………………………………………………… 1

1.1　研究背景 …………………………………………………………… 1

1.2　无人机感知规避系统现状 ………………………………………… 2

1.3　无人机感知规避技术现状 ………………………………………… 5

1.4　本书主要研究工作 ………………………………………………… 8

　　1.4.1　主要研究内容 …………………………………………… 8

　　1.4.2　组织结构 ………………………………………………… 9

　　1.4.3　主要创新点 ……………………………………………… 11

第2章　无人机感知规避系统框架设计与分析 ……………………… 12

2.1　引言 ………………………………………………………………… 12

2.2　机器人控制体系结构基础 ………………………………………… 12

2.3　无人机感知规避框架设计与要素分析 …………………………… 14

　　2.3.1　感知规避框架设计 ……………………………………… 14

　　2.3.2　感知规避框架关键要素分析 …………………………… 15

　　2.3.3　感知规避框架学习机制描述 …………………………… 16

2.4　无人机感知-规避状态空间表征描述 …………………………… 22

　　2.4.1　环境障碍物状态描述 …………………………………… 23

　　2.4.2　无人机规避动作描述 …………………………………… 26

2.5　本章小结 …………………………………………………………… 30

第3章　基于显著性的空中障碍目标检测方法 ……………………… 31

3.1　引言 ………………………………………………………………… 31

3.2　视觉注意机制与显著性检测 ……………………………………… 31

3.3　基于频域信息的显著性目标检测 ………………………………… 32

　　3.3.1　基于频域信息的显著性检测方法描述 ………………… 32

　　3.3.2　基于频域信息的显著性检测算法设计 ………………… 35

3.4　基于深度学习的显著性目标检测 ………………………………… 36

　　3.4.1　基于卷积神经网络的显著性检测方法描述 ………… 36

  3.4.2 基于卷积神经网络的显著性检测算法设计 ················ 38

 3.5 空中目标显著性检测方法实验验证 ························· 40

  3.5.1 通用数据集算法测试实验 ························· 40

  3.5.2 飞行数据集算法测试实验 ························· 43

 3.6 本章小结 ··· 48

第 4 章 基于自动编码理论的近地障碍环境表征方法 ········· 49

 4.1 引言 ··· 49

 4.2 基于深度编码–反编码结构的环境重构算法 ··············· 49

  4.2.1 编码与反编码结构 ····························· 49

  4.2.2 深度编码–反编码网络算法设计 ················· 52

 4.3 基于深度卷积神经网络的深度距离估计算法 ··············· 54

  4.3.1 测距方法与尺度空间 ··························· 54

  4.3.2 深度距离估计卷积神经网络算法设计 ············· 56

 4.4 复杂近地环境表征方法实验验证 ························· 59

  4.4.1 基于深度编码–反编码结构的环境重构算法实验验证 ··· 59

  4.4.2 基于深度卷积神经网络的深度距离估计算法实验验证 ····· 63

 4.5 本章小结 ··· 66

第 5 章 基于强化学习的无人机规避决策控制 ··············· 68

 5.1 引言 ··· 68

 5.2 表格型 Q 学习规避算法 ································· 68

  5.2.1 表格型 Q 学习原理 ··························· 68

  5.2.2 表格型 Q 学习算法设计 ······················· 69

 5.3 基于执行器–评价器的无人机空中规避算法 ··············· 70

  5.3.1 执行器–评价器框架描述 ······················· 71

  5.3.2 基于 AC 强化学习的无人机规避映射框架设计 ········ 73

  5.3.3 基于 AC 强化学习的无人机规避算法设计 ··········· 76

 5.4 基于 Deep Q 学习与 3D Q 学习的无人机规避算法 ········· 76

  5.4.1 基于 Deep Q 学习规避算法设计 ················· 77

  5.4.2 基于 3D Q 学习规避算法设计 ··················· 79

 5.5 基于强化学习的无人机规避决策控制实验验证 ············· 83

  5.5.1 面向空中背景的无人机规避算法实验验证 ··········· 83

  5.5.2 面向森林背景的无人机规避算法验证 ·············· 89

 5.6 本章小结 ··· 95

致谢 ··· 96

参考文献 ··· 97

第1章 绪 论

1.1 研究背景

随着无人机的应用日益广泛,无人机的自主控制能力越来越受到关注。目前无人机自身只具备有限的预规划能力,难以满足未来日益复杂的军用和民用的多任务需求。面对复杂、高动态的环境以及复杂的飞行任务,实时控制与自主决策问题已成为未来研制无人机面临的主要技术挑战之一。尤其是随着无人机在集群探测、地形测绘、灾情勘察、室内搜救、森林搜救、场景航拍、军事勘测等多个领域的广泛使用(图1.1),其飞行活动量的不断增加对空域环境内的其他飞行器以及地面环境等第三方带来很大的安全隐患。在未来,隔离飞行的方式将难以满足无人机日益增长的应用需求,无人机与其他飞行器共享空域飞行将是未来的发展趋势,因而防撞问题也成为制约无人机发展的关键挑战之一。

(a) 无人机集群探测

(b) 无人机地形测绘

(c) 无人机灾情勘察

(d) 无人机室内搜救

图 1.1 轻小型无人机多应用场景

同时,随着高分辨率成像设备的发展,无人机已经可以获得相比于以前更高分辨率和更快帧传输效率的高质量全动态的视频图像信息,这种高分辨率态势数据的增长速度,远远超出了从传感器向地面站传输信息并进行处理分析的能力,甚至远远超出了以摩尔定律限定的处理器能力的增长,对现有机载通信产生巨大挑战。基于人工模式来解析无人机传感器获得的全动态高清态势视频,已经难以满足无人机规避这种突发情况时的应用,而随着人工智能和高性能计算技术的发展,自主化传感器处理和智能化信息生成可显著减少通信带宽和人工判读的负担。采用机载智能芯片与智能算法,实现自主飞行、自主探测和自主规避决策控制将是无人机发展的一个重要趋势。

对于无人机在空中侦查、森林救援和边界巡防等应用环境中遭遇突发障碍的情形,给予无人机响应的时间短,要求无人机能够依靠自身传感器对外部环境进行自主感知与预判,并能够实现自主快速规避控制。而反应式控制架构能直接完成从感知到行为的映射,具有快速执行性和灵活性,已成为机器人学和人工智能领域的研究热点之一[1]。另外,这种模型未知的环境,给无人机的自主感知与规避控制带来了极大的挑战。而人工智能领域学习技术的发展却能够辅助无人机自主感知和规避,利用数据学习和迭代训练的过程使得无人机具备智能化的特性。面向无人机在空中侦查、森林救援和边界巡防等方面的应用需求背景,本书以搭载视觉传感器的单架轻小型无人机作为研究对象,重点研究无人机应对空中移动障碍和地面固定障碍的自主感知与控制决策方法,主要突破利用深度学习知识实现无人机对于空中环境的障碍物探测、森林环境中障碍物的深度感知,以及利用强化学习实现无人机由感知到控制的自主规避等关键技术。

1.2　无人机感知规避系统现状

美国等世界无人机发展先进国家很早就开始关注无人机的实时规避能力,并将该技术作为关键技术之一提上了研究议程,与多个世界顶级飞行器公司、雷达传感器公司和研究机构签订合同,研发用于无人机的空中防撞系统,目前已取得一些成果。另外,世界上许多著名高校也在对实时规避关键技术进行广泛而深入的研究,例如美国麻省理工学院(MIT)林肯实验室、加州伯克利分校、马里兰大学、英国兰卡斯特大学、南安普顿大学等,尽管研究仍存在很多挑战,但也已取得一定成果。

美国在20世纪90年代初就启动了机载自动防撞系统设计的项目,通过先后实现自主地面防撞系统(autonomous ground collision avoidance system,AGCAS)、自主空中防撞系统(autonomous collision avoidance system,ACAS)和集成的地面/空中自动防撞系统三个阶段来实现该项目。2003 年,美国国家航空航天局(NASA)以及众多分支机构进行了一系列报告测试,在莫哈维沙漠上利用"希腊海神"无人机评估探测、感知和规避不带协作式应答机的障碍的性能[2]。

2009 年,美国发布的《无人系统综合路线图》规定了无人飞行系统障碍避让技术的发展节点。计划 2009 年实现离线的依赖人类操作员的感知规避技术,2015 年实现基本的感知规避功能,2034 年实现完全自主的无人机在线感知规避技术。2011 年版路线图中,如图 1.2 所示,又将空域集成作为无人机七大关键技术问题之一,将其研究技术路线进一步细化,将重点发展机载感知与规避技术[3]。

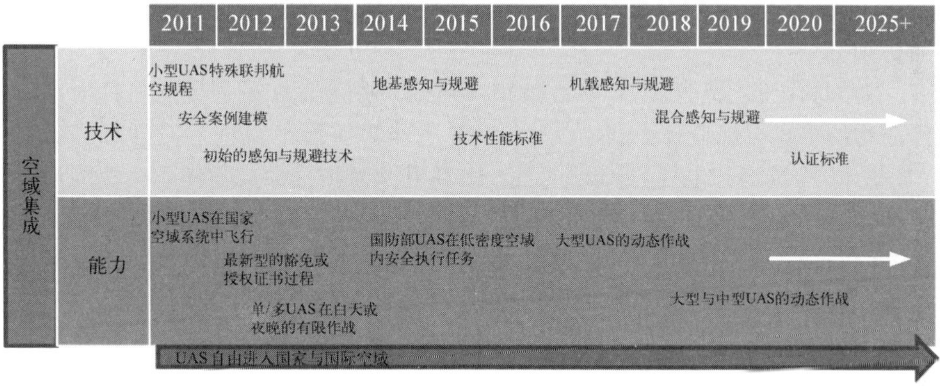

图 1.2 美国无人机系统感知与规避技术发展进程

2010 年下半年,美国海军研究办公室授予"内华达山脉"公司研制一种飞机防撞系统的合同(620 万美元),该系统作为 ACAS 的一部分,将使无人机在国家空域内飞行时能够感知并规避其他有人或无人飞机(包括固定翼飞机、直升机、浮空器、滑翔机、气球及其他各种飞行器),不论其他飞机是否有自己的防撞设备,如应答机、空中防撞系统或其他系统。该系统将能够为所有协同作战或独立作战的飞机在临近无人机的区域提供态势感知能力,提供算法和软件对传感器数据进行处理以实现规避机动,提供基于感知信息和规避准则的空中防撞能力,并使无人机避开为有人机开辟的可通行的航路。目前主要使用海军 MQ-8B"火力侦察兵"无人直升机以及陆军 Tier 2 RQ-7A/B"影子"200 无人机的机载雷达系统和光电红外传感器来满足感知空中目标的需求[4]。

美国空军考虑到目前实时规避系统的发展趋向于面向无人机的单一操作,计划从无人机编队飞行方面开展这一研究,称之为多无人机系统感知规避(MUSSA)计划。该项研究要求感知规避系统必须像有人一样发挥基本的避免冲突与碰撞的作用。美国空军研究实验室(AFRL)和航空机械工程(AME)公司和 Barron 联合公司签署一份研制合同(240 万美元/4 年)。该项目将多机协同与编队飞行策略或法则,以及由 Barron 公司提供的"艺术级"探测感知技术综合于 AME 公司的飞行控制增强系统自动驾驶仪上,旨在增强无人机的实时规避能力。据美国《国防》杂志 2015 年第 2 期报道,通用原子公司与 NASA 合作,于2014 年 11 月对装在"死神"无人机(MQ-9 Reaper)的无人机空中防撞系统验证方案进行了飞行验证。到 2016 年,通用原子公司与 NASA 对该系统进行终审飞行验证,以便验证该技术标准是否完备[5]。

欧洲也有相应的敏感与回避系统验证计划(Midcas),对其所研制的空中防撞系统进行验证。该系统融合雷达和 EO/IR 传感器,在探测到入侵飞机后,估计入侵飞机的航线,基于本无人机的性能来评估碰撞风险,输出新的飞行器航线,以回避碰撞。系统将为飞行员/操作员提供帮助,也可使无人机自主进行规避机动[6]。

澳大利亚的"智能天空"项目(875 万美元/3 年)正在发展无人机针对空中停滞物的感知与规避体系,使用无人直升机作为实验平台进行对静态停滞物(如树木、构筑物和电线)的规避实验,以集成激光扫描面成像体系构建周边环境的态势,采用图像搜索和路径规划算法得到一条避撞的优化路径;使用"影子"无人机作为实验平台进行对它机的规避实验,采取机载摄像机和新的图像处理算法,规避其他飞机[7]。

世界顶级无人机制造商和传感器制造商也围绕这一技术与军方和政府展开积极合作。例如,2011 年 2 月,诺斯罗普·格鲁曼公司将为美国海军广域海上监视(BAMS)无人机提供自动感知和规避附近其他飞机的能力,以保证安全分离,避免空中碰撞。该项目为有人机和无人机提供探测和安全分离的能力,与飞行员的目视和回避能力具备相同的安全等级[8]。洛克希德·马丁公司获得美国国防先进研究计划局授予的价值 4 亿美元的"传感器与结构一体化"(ISIS)项目的第三阶段合同,并与雷神公司共同建造和试验缩比为 1/3 的原型机,为无人机探测感知技术的研究提供新的条件。通用原子公司研制的 LYNX AN/APY-8-GMTY 雷达系统则是为"捕食者"无人机开发的合成孔径雷达。这些研究试图开发新型无人机空中防撞系统探测设备,以更好地实现无人机空中防撞。

美国麻省理工学院林肯实验室在国防研究与工程办公室的支持下,与美国空军签订了研究合同,在对比 TCAS 系统的基础上研究无人机的防撞系统(UAV collision avoidance system,UCAS)。诺斯罗普·格鲁曼公司获得了美国海军航空系统司令部(NAVAIR)授予的独家合同,将为 MQ-4C Triton 无人机安装机载防撞系统,帮助 MQ-4C 无人机探测和规避飞行中的其他物体。根据合同,诺斯罗普·格鲁曼公司未来将为 MQ-4C 无人机集成机载防撞系统(ACAS Xu)的无人机硬件和软件。该系统由美国麻省理工学院林肯实验室开发,旨在取代 TCAS Ⅱ防撞系统[9]。

当前,美国 ITT EXELIS 公司提出名为"2020 空中感知"的一种"由地面向上"的实时规避解决方案,初步实现从高空长航时无人机到近地中小型无人机的统一规避功能。其核心部件是一个模块化、可升级的感知设备,该设备支持多种模式,包括天气检测和数据链。利用主动扫描技术大大提高可靠性,可在各种不同频段进行操作。此设备多个模块的组合可支持多传感器融合处理,并覆盖360°空域。同时,该设备也可实现地基实时规避功能,由多个模块组成三维战术监视覆盖网络,可实现无线网络化全境覆盖,综合了现有规避系统的功能,如空管系统、ADS-B、TCAS 等[10]。

1.3 无人机感知规避技术现状

1. 无人机感知载荷

无人机障碍/威胁探测技术基本可分为协作式或非协作式环境中的有源(主动)探测技术和无源(被动)探测技术。协作式环境中,障碍会配合提供位置、速度和朝向等状态信息;非协作式环境中,障碍不配合提供状态信息。表 1.1 总结了典型的传感器系统及其量测信息[11-16]。

表 1.1 典型传感器系统及其量测信息

机载感知传感器系统	量 测 信 息
A/C 模式主动询问应答器	相对距离、绝对高度
ADS-B	经度、维度、高度、速度
光电系统	方位角(水平和垂直)
激光/激光雷达	相对距离
机载雷达	相对距离、方位角(水平和垂直)
地基雷达	与地表参考面的距离和方位角
声学传感器	方位角

(1)有源协作探测技术采用一个询问器对无人机前方的扇形区域进行监视,通过对其他飞机上的应答机进行询问来探测迫近的飞机,例如,TCAS 系统。

(2)有源非协作探测技术采用雷达或激光一类传感器对无人机前方的扇形区域进行扫描以对所有飞机进行探测,利用信号传输的返回时间来计算距离、方位、接近速率等信息,并不考虑这些飞机是否安装有应答机。

(3)无源协作探测技术与有源协作探测技术类似,但发送的数据信息不同,而且因之不需要机载询问器来启动应答机而大大降低了成本。

(4)无源非协作探测技术最接近人眼方案,例如,光电/红外传感器。该方案通过一个传感器来探测迫近的飞机并提供其方位、俯仰以及海拔高度等信息,但容易受到带宽和天气条件的影响,不能提供直接的距离信息和迫近速率信息,且当无人机对地面进行观察时无法进行实时规避。

(5) 组合探测技术。由于不同技术具有不同的障碍探测效果,因此还可以采用综合探测技术,将主动和被动相结合,如微波雷达与红外传感器的组合系统;将协作式和非协作式相结合,若它机装有规避系统,则可以根据情况随时调整探测手段。

2. 结合视觉的无人机感知规避

经过长期探索,利用视觉传感器实现非协作式目标进行规避已经成为该领域的一个研究热点。利用视觉传感器作为感知单元,优点在于视觉传感器是一种被动的传感器,不需要自身产生信号源,对于无人机军事应用具有隐蔽性好的特点,另外,视觉传感器自身体积和重量相对较小,能够降低对于无人机载荷重量要求高的苛刻条件,其工作采样频率也较高,相比于其他传感器更能满足数据实时采集的需求。图 1.3 列出了目前结合视觉传感器实现无人机感知与规避的一些主流方法。

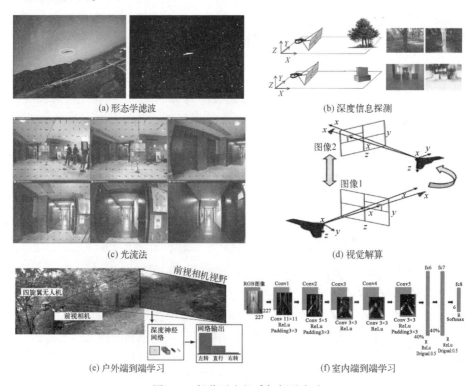

图 1.3 部分无人机感知规避方法

(1) 基于形态学滤波法的感知方法。针对无人机感知规避问题,根据调研的相关文献,障碍目标检测环节最常用的方法是形态学滤波法。Debadeepta

Dey[18]等人构建了一种级联方法,首先用形态学滤波器对视频图像进行预处理,然后构建形状描述子,并基于支持向量机对可能的障碍目标进行分类,接着进行一段时间的跟踪以消除虚警,重点关注系统的检测与跟踪性能,并通过采集真实数据对比研究了不同的相机性能带来的结果的差异。R. W. OSBORNE[19]等人设计了一个自适应被动式碰撞告警系统。尽管使用的是低分辨率红外摄像机,但其中分析了目标运动模型,对相机运动进行了补偿,考虑了潜在碰撞目标的增大特性,对量测噪声变量进行估计。John Lai[20]等人在研究机载视觉碰撞检测系统过程中,采用形态学滤波进行预处理,接着用隐马尔可夫模型和基于 Viterbi滤波两种方法进一步检测目标,并对比了性能,考量了算法对图像抖动的适应性。Syed Irtiza Ali Shah[21]等人对常用的三种运动估计方法进行了分析,即从运动中得到结构、光流、流场散度,然后提出用单一摄像机进行障碍检测的方法,克服了三种方法的局限性,并保留了其优点。通过基于合成图像或真实视频的仿真证明了方法的有效性。Ryan Carnie[22]等人研究了利用计算机视觉为感知规避提供一定程度态势感知能力的可行性。对比了两种用于检测点状特征小目标的处理算法,即形态学滤波方法和动态规划方法。经大量实验验证表明,检测距离可达 6.5km,比人类视觉性能(主要指发现目标时的决策预留时间)高出了35%~40%。

（2）基于光流法的感知技术。光流能提供单幅图像中无法细致获取的场景质量特征,对于搭载单目相机的无人机视觉导航具有较为广泛的应用,光流信息主要来源于飞行生物(如蜜蜂等)的仿生视觉,光流法通过单摄像机或多摄像机获取图像序列检测图像中的每一个像素点的速度矢量,形成图像运动场,通过计算障碍物与背景之间不同的光流向量实现规避[24-31]。

（3）基于深度信息的规避[32-39]。该方法主要集中应用于城市、森林等障碍密集度较高的环境,依托的平台主要以旋翼机为主。深度信息的获取是实现规避的关键条件,根据相关研究,目前主要应用的方法有利用单目图像实现对于深度距离的估计、利用立体视觉结合特征点实现对深度的解算、获取 3D 的点云图等。此外,还有结合边缘与角点检测、目标跟踪等方法开展规避的研究[40-44],另外许多研究中涉及利用视觉传感器结合其他传感器,采用多传感器融合实现无人机的规避[45-48]。

（4）结合视觉解算的规避。除了以上视觉方法研究外,存在大量研究利用视觉方法实现无人机规避领域相对关系的测量,通过相对关系实现无人机的规避[49-58]。此类方法主要以获取障碍物的图像坐标、相对位置坐标为前提,基于已知检测到的目标,构建视觉坐标系,利用图像坐标和世界坐标解算相对位置、角度关系可以实现规避,而相对位置关系的获取主要通过基于单目视觉下目标的图像坐标检测和基于立体视觉获得相对位置。无人机规避环节中的控制方法层[59-74],主要结合不同的控制方法和控制架构实现规避控制,例如,文献[71]利用控制器重构(主要使用滑模控制的方法)从规避建模层次实现了无人机规避功能,文献[70,72]利用交叉熵和模糊控制器实现对于四旋翼的控制,文献[74]从建模仿真层次提出了一种新的感知规避算法,解决了空中、地面的障碍冲突消解问题。另外,在控制层面结合无人机感知情况许多学者研究了无人机的局部规划问题,从规划角度实现无人机的规避[66-69]。

(5)结合学习的无人机感知规避。近几年,随着深度学习、强化学习等学习技术在机器人领域的应用[75-96],逐渐有学者将学习方法引入无人机感知与规避领域中。其中,较为典型的方法是结合深度学习方法,实现端对端控制。无人机的端到端学习控制指的是输入视频数据,输出无人机的飞行速度或电机操作序列。文献[123]和[128]以小型旋翼机为研究对象,分别针对室外和室内环境利用图像作为输入,设计并训练深度网络,其输出为无人机的规避决策。另外,部分学者结合视觉和强化学习实现无人机的避障。例如,文献[114]以人为设计的特征作为环境的状态,结合强化学习实现避障控制参数的学习。深度学习和强化学习结合实现的深度强化学习技术在游戏、机器人控制、参数优化、机器视觉等领域中得到了广泛的应用[97-129],并被认为是迈向通用人工智能(artificial intelligence,AI)的重要途径。在机器人控制领域,结合深度强化学习算法的研究也在近几年逐渐增多[108-129]。例如,随着无人车的发展,无人驾驶领域采用深度强化学习进行刹车、规避等自动学习驾驶控制[108-110];小型无人机利用下视技术,实现自主学习降落[111-112];足球机器人、机械臂等领域[113-122]结合深度强化学习实现对于物体的摆放与拿取、规避控制等。根据本书调研情况,很少有研究将深度强化学习方法用于无人机感知规避领域。

综上,利用视觉传感器的优点在于其适用于载荷有限的无人机,但是目前利用视觉图像的难点在于如何突破对于环境信息的有效表征,如何克服人为筛选特征带来的劣势。结合学习方法实现无人机感知与规避逐渐成为一个研究热点,该领域存在的挑战在于对环境特征的有效描述,特别是针对不同的环境,需要探索有针对性的障碍物检测方法,并能够依托获取的障碍物检测信息,结合适当的控制方法,最终完成无人机的规避控制,而主流的深度学习和强化学习将是解决这些挑战的重要手段。

1.4　本书主要研究工作

▶ 1.4.1　主要研究内容

本书针对意外事件中的规避问题,开展了面向无人机感知和规避的自主学

习方法研究,反应式控制机制按照"感知—行动"的模式进行感知信息处理和控制。本书主要关键技术研究包括:

(1) 针对变化的未知环境与无人机智能体,如何实现由智能体动作与环境状态之间的映射关系?本书针对这一问题,构建了一种结合机器学习机制的无人机反应式框架结构,定义了架构中无人机动作的描述空间以及环境的状态描述空间,以此作为本书研究的基础。

(2) 如何通过机载传感器获取环境中的各种障碍并进行有效的状态描述?本书针对这一问题,主要集中研究两种环境下的障碍状态描述,一种是无人机在空中遇到的障碍情况,另一种是无人机在地面森林环境中遇到的固定树林障碍情况。针对这两种障碍环境,利用深度学习的方法,分别提出了显著性检测与深度距离估计的方法实现状态表征。

(3) 针对障碍物的描述,如何利用对无人机动作的描述,实现有效的规避?本书主要利用强化学习的框架,实现由状态到动作的映射,并以此获取响应的评价指标,利用奖励与学习的思想,实现对映射关系的优化调整,提出了由离散状态到离散动作的 Q 学习算法、连续状态到离散动作的深度 Q 学习算法与连续状态到连续动作的 Actor-Critic 算法。

(4) 针对本书提出的各种算法,如何选择合适的理论方法及平台来支撑验证?本书主要提出了显著性检测算法、深度距离估计算法以及强化学习算法,算法主要依靠深度卷积神经网络理论来支撑网络的搭建,验证数据主要以通用数据库进行算法验证,验证环境主要依赖于 Linux 环境,基于机器人操作系统环境搭建数据采集系统,并利用深度学习工具箱及 Tensorflow 环境进行深度卷积网络搭建及训练。

▶ 1.4.2 组织结构

本书从总体结构上主要分为三部分:第一部分是总体框架设计,主要围绕无人机规避问题,设计反应式控制框架结构,涵盖了无人机的感知、动作以及学习模块,并给出无人机感知与动作的离散、连续描述;第二部分主要围绕定义的无人机感知状态描述,开展依靠单目机载相机获取感知状态的研究,研究主要涵盖了两种环境下(空中、地面树林)障碍的表征:空中环境主要依靠显著性检测来获取空中障碍的图像坐标位置,地面树林环境主要依靠获取深度距离信息来表征障碍的位置信息;第三部分主要获取由状态到动作的映射关系,依靠强化学习理论框架结构,基于 Q 学习、执行器-评价器框架来实现无人机的规避控制,主要构建离散状态、连续状态、离散动作、连续动作四者之间的关系。本书各章的主要内容如下:

第1章绪论。本章主要介绍了本书研究的背景和意义,概括了无人机感知规避的研究现状,分析了机器人利用学习进行感知与控制的现状,特别是深度学习技术、强化学习以及深度强化学习技术。概括了本书的主要研究工作、本书的组织结构以及本书的主要创新点。

第2章无人机感知规避系统框架设计与分析。本章主要设计了无人机感知与规避的框架,该框架主要结合了机器人反应式控制体系与学习机制,定义了该框架中"感知—行动"的映射数学描述,结合数学定义,分析了完成每个模块所需要考虑的关键环节,给出本书中所需要使用的感知与动作的离散、连续状态描述。

第3章基于显著性的空中障碍目标检测方法。本章针对空中目标检测的应用背景,结合显著性检测领域的方法,提出了两种显著性区域提取算法。首先,从频域角度出发,分析显著目标与背景图像存在的不同频域值,提出了结合离散余弦方法的显著性检测方法,提供了算法参数选择依据;并利用外场实际采集的数据库验证了算法的有效性,但算法忽略了物体的形状特性,存在一定的检测局限性。第二,利用深度卷积神经单元搭建了端对端的显著性检测网络。结合显著性检测的特点,将显著性检测问题转化为分类问题,通过对输入、输出数据的设计,构建了以图像块作为输入单元的多层卷积神经网络,利用滑动窗口的方法实现了对于整幅图像的显著性检测,并利用通用数据集与外场实飞的实验数据对提出的深度卷积网络结构进行测试,验证了算法的有效性。

第4章基于自动编码理论的近地障碍环境表征方法。本章针对较为复杂的地面环境,提出利用编码-反编码结构思想来表征环境特征。首先,利用传统的编码-反编码网络提出多层自动编码网络算法,利用仿真数据和真实数据对算法进行验证,实验结果表明算法结构可以重构轮廓信息,但是丢失了许多细节信息;第二,为了更好利用编码-反编码结构,本章提出了基于深度卷积网络的深度距离估计算法,算法有效解决了对于高维环境的有效表征问题。本章先提出了单一尺度的深度距离估计卷积神经网络结构,实现初步的深度距离估计;为了对深度距离图进一步细化(尤其是边缘部分),本章结合多尺度概念,提出了基于卷积神经网络的多尺度深度距离估计算法,对于原始图像与不同尺度的卷积神经网络卷积获得深度距离,实验结果验证了算法的有效性。

第5章基于强化学习的无人机规避决策控制。本章主要利用第3、4章对于不同环境感知的表征方法,结合无人机规避过程中对于感知与动作的描述,分别结合强化学习理论中的Q学习与Actor-Critic学习方法,提出了无人机单目感知的离散状态-离散规避动作问题、无人机单目感知的连续状态-离散规避动作问题以及无人机单目感知的连续状态-连续规避动作问题实现算法与实验验证方法。

1.4.3　主要创新点

针对无人机的规避问题,本书主要研究其反应式的控制架构及感知规避学习技术,主要的创新点如下:

(1)针对无人机空中前视感知的环境图像,提出了对空目标的显著性自主检测算法,结合离散余弦方法实现了显著目标与背景图像的分割,通过抑制冗余背景的幅度谱,检测出显著目标。目标检测是实现无人机规避的一个重要环节,受人类视觉注意机制启发,本书利用无人机机载的单目相机捕获的图像,从背景和显著目标的幅度谱角度,提出了利用离散余弦变换和离散余弦反变换理论的显著性检测算法,并给出了算法参数的选择依据。

(2)提出了利用深度卷积网络技术进行显著性自主检测的算法,通过学习与训练解决了特征表征问题,将显著性检测问题转化为分类问题,利用滑动窗口方法实现了图像中的显著目标自主提取。在显著性检测领域,通过利用图像中物体的颜色、纹理、位置等特征可以分割出显著目标。针对特征表征难的问题,本书利用深度学习领域中的深度卷积网络,搭建了利用图像块进行显著性检测的算法结构,并将此算法在通用数据库中进行了算法验证,提高了目标的检测程度。

(3)提出了利用编码-反编码框架实现对复杂地面环境进行表征,主要利用传统的编码 反编码网络提出多层自动编码网络算法,以及利用卷积与反卷积网络进行特征学习与训练实现对深度距离的自主估计。地面环境的复杂性提高了无人机规避的难度,本书首先利用编码-发编码网络搭建了深度自编码网络,实现对环境的表征,但是图像重构的结果忽略了图像中许多细节问题,为了提高规避的应用性,本书结合反卷积网络知识,提出了多尺度深度距离估计算法,实现对复杂环境的距离估计。

(4)利用强化学习知识,构建了环境状态与无人机动作的映射关系,无人机利用感知表征状态通过不断学习获取了自主规避控制动作。面向无人机规避应用,结合状态和动作的表征关系,本书主要依靠学习技术实现由图像到无人机离散、连续动作的映射,主要利用神经网络、深度网络实现对框架中的决策函数拟合,利用配对数据库实现对映射决策网络的训练,依靠 Q 学习实现无人机的规避上层决策,依靠 Actor-Critic 实现了参考控制角度的关系映射。

第 2 章 无人机感知规避系统框架设计与分析

2.1 引　言

对无人机而言,尤其是小型旋翼无人机,其搭载载荷有限,根据第 1 章总结的无人机搭载的各种载荷特点,本书选取可见光相机作为无人机感知信息的获取手段,需要设计一个可以由感知到行动的框架结构,以提高无人机自主能力。围绕无人机规避的意外事件,结合机器人体系架构中的反应式体系架构,本章提出了无人机感知与规避的反应式控制学习体系架构,基于此架构,本章介绍了针对每一模块的研究难点与解决方案,并结合空中、森林两种不同的环境给出架构中无人机离散、连续的感知与动作状态的描述定义,以此作为本书的研究基础。

2.2 机器人控制体系结构基础

机器人体系结构,就是指为完成指定目标的一个或几个机器人在信息处理和控制逻辑方面的结构方式[1]。目前主要分为以下几类。

1. 基于功能分解的体系结构

基于功能分解的体系结构在人工智能领域属于传统的慎思式智能,在结构上体现为串行分布,在执行方式上属于异步执行,即按照"感知—规划—行动"的模式进行信息处理和控制实现,如图 2.1 所示。

图 2.1　基于功能分解的体系结构

这种体系结构的优点是系统的功能明了、层次清晰,实现简单。但是环境的改变导致必须重新规划,从而降低了执行效率。该体系结构重点关注构建世界模型,并以此为基础进行动作规划,而世界模型的搭建需要占用整个流程的大部分时间,而且搭建的模型与真实世界的模型存在一定误差,这将会降低机器人的行动性能。因此,该体系结构主要适用于机器人在已知的结构化环境进行感知、规划与行动。

2. 基于行为分解的体系结构

基于行为分解的体系结构在人工智能领域属于现代的反应式智能,基于行为的决策控制体系结构有包容式结构和反应式结构,在结构上体现为并行(包容)分布,在执行方式上属于同步执行,即按照“感知—行动”的模式并行进行信息处理和控制,如图 2.2 所示。

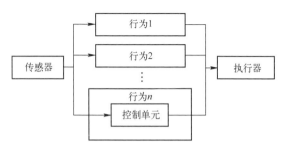

图 2.2　基于行为分解的体系结构

其主要优点就是执行时间短、效率高、机动能力强。在这种体系结构中,机器人的动作选择主要根据所感知的状态,主要以从感知到动作执行的直接映射。该结构具有较快的响应速度,而且不再重点依赖于重构环境。机器人直接从真实环境中获取感知信息,并依赖于控制单元的映射关系,实现对感知状态做出执行动作。

3. 基于智能分布的体系结构

基于智能分布的体系结构在结构上体现为分散分布,在执行上属于协同执行,既可以单独完成各自的局部问题求解,又能通过协作求解单个或多个全局问题。此体系结构不仅可以处理分布控制的问题,又可以统一进行协调控制。

综上所述,根据不同体系结构的特点,基于行为分解的体系结构能直接完成从感知到行为的映射,具有快速执行性和灵活性。由于无法实现无人机规避环境的建模,并且无人机规避过程需要能够针对外界的障碍物迅速产生避让动作,根据以上不同体系结构特点以及无人机快速规避的需求,本书选取基于行为分解的结构作为研究框架结构基础。

2.3 无人机感知规避框架设计与要素分析

 ## 2.3.1 感知规避框架设计

传统的无人机实时感知规避系统可以划分为五个主要功能模块:察觉、检测、感知、生成逃逸航线和实现逃逸机动,如图 2.3 所示。

(1)察觉功能。系统监视环境,并收集入侵者当前的状态信息,例如,飞机位置、速度、朝向等。

(2)检测功能。系统获取察觉数据,并处理得到有用信息,发现并管理无人机可能遇到的碰撞风险。

(3)感知功能。监视环境态势,在危急情况下取得飞机管控权,并在情况恢复正常时归还控制权。

(4)生成逃逸轨迹。探测到将可能发生冲突碰撞时,生成逃逸航线和实现逃逸机动的功能被激活,并决定采取什么行为如何机动规避。

(5)实现逃逸机动。考虑无人机平台的性能,完成规避机动行为。

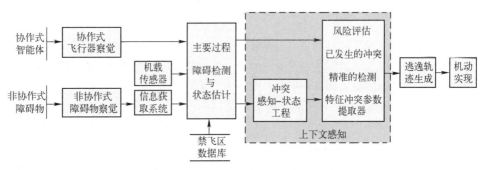

图 2.3 传统无人机感知与规避系统的主要功能模块

本书主要研究无人机的反应式规避问题,主要考虑非协作目标情况,在传统无人机感知与规避系统的基础上,基于行为分解的反应式感知规避框架如图 2.4 所示,图中包含两个框架结构。

(1)1 号框架结构为传统机器视觉框架,其中机载传感器系统的主要功能是获取无人机自身的位姿信息,并利用视觉算法解算空间障碍物体的位姿信息,解算出无人机和空间障碍物体的相对位姿关系,决策系统根据相对位姿关系给出无人机期望的控制信号以实现障碍物的规避,此结构需要详细地获取障碍物和无人机的位姿关系,以便生成规划轨迹或控制参考信号,对应于传统的感知规避框架结构中的逃逸轨迹模块。

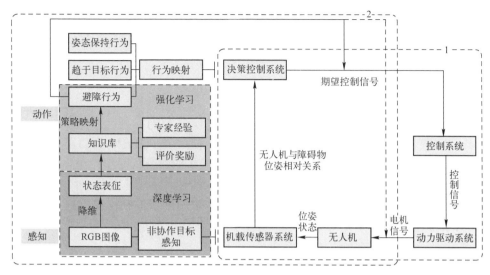

图 2.4　基于行为分解的反应式无人机感知与规避系统框图

（2）2 号框架结构与 1 号的区别在于，主要包含两个基本单元：感知与动作单元，感知单元是无人机通过机载传感器认识和理解外部环境，主要是利用可见光传感器获取环境信息，并不进行位置和姿态解算，通过深度学习等知识获取表征环境的特征；行为映射是由机载传感系统到执行器的局部映射，反应式行为映射包含多种行为，如趋于目标行为、姿态保持行为等，本书主要关注规避行为映射，其映射关系通过知识库中的专家经验以及评价函数而建立，而学习理论则是构建策略映射的基础。动作是无人机在获取外部环境状态下，通过决策控制单元（此框架中具体指行为映射）所采取的行动，框架中给出两种行动：一是期望控制信号，比较偏上层的行动策略；二是电机信号，偏底层的行动策略。本书主要关注偏上层的行动策略，其期望的控制信号由映射关系获得，而不是利用相对位姿关系获得。映射关系主要通过强化学习理论，通过设计对应的评价奖励函数，对执行动作进行评价，通过不断地累积评价值，获得最优的执行动作。

 2.3.2　感知规避框架关键要素分析

根据基于行为分解的框架结构，结合视觉的无人机的反应式感知规避问题将会遇到以下两个问题：

（1）无人机机载传感器获取的 RGB 图像数据是高维数据，如何从高维数据中提取可靠的特征表示？

（2）如何构建观测量与动作量之间的映射关系？

针对无人机的感知信息来源（可见光图像），本书所研究的问题可抽象为：

高维观测输入条件下的端对端控制问题,其中无人机所处的环境是连续及部分可观的,无人机的控制为上层离散或连续决策量。研究问题的抽象描述为

$$\boldsymbol{y}_t = C(\boldsymbol{o}_t) \tag{2.1}$$

$$\boldsymbol{a}_t = \pi(\boldsymbol{y}_t) \tag{2.2}$$

$$\boldsymbol{o}_{t+1} = G(\boldsymbol{y}_t, \boldsymbol{a}_t) \tag{2.3}$$

式中:$\boldsymbol{o}_t \in \boldsymbol{R}^{\dim}$ 为在 t 时刻的观测量,$\boldsymbol{o}_t$ 利用编码器 C 编码为一个降维的向量 $\boldsymbol{y}_t \in \boldsymbol{R}^n$,降维后的维数 $n \ll \dim$;$\boldsymbol{a}_t$ 为根据控制策略 π 得到规避行为动作,控制器的输入为当前的降维观测量;无人机系统根据当前状态和动作产生新的观测量 $\boldsymbol{o}_{t+1}$。

另外,根据观测输入与输出的映射关系,若采用学习机制构建控制策略 π,若令最优规避策略为 π^*,则经过自主学习应该满足以下条件:

$$\lim_{t \to \infty} \pi_t = \pi^* \tag{2.4}$$

根据以上问题描述,问题的研究重点模块在于:

(1) 观测数据 $\boldsymbol{o}_t \in R^{\dim}$ 与行为数据 $\boldsymbol{a}_t$ 采集与处理模块。若采用学习机制构建控制策略 π,其问题的初始过程需要考虑规避过程与数据采集,通过采集的数据实现对于操纵员的经验学习,其核心技术是训练一个较好的分类器或者回归器来学习或预测专家的行为,而这种行为的学习是通过专家获取的观测数据(输入数据)和动作数据(输出数据)训练得到的,该模块需要考虑搭建仿真或实物飞行环境、规避过程设计及可靠性数据采集等要素。其次,对于毫无人工经验的学习,需要搭建仿真环境,让无人机不断地尝试学习,利用强化学习对每一次尝试给予不同奖励,通过不断试错学习获取最优控制策略。

(2) 观测数据降维模块 $C(\cdot)$。相对于无人机的状态控制量,无人机机载传感器获取的感知数据(图像信息)一般为高维数据,而机载处理器的信息处理能力有限,需要在高维数据中抽取有效的低维特征环境信息,以便建立环境感知和物理控制量之间的映射关系。

(3) 控制器模块 $\pi(\cdot)$。控制器模块主要利用观测数据以及配对的控制行为数据来构建一个较好的映射关系,主要采用机器学习的方法,其中涉及分类器、回归器以及奖励函数的设计以及训练模型的设计等。

▶ 2.3.3　感知规避框架学习机制描述

机器学习是一门多领域交叉学科,专门研究计算机怎样模拟或实现人类的学习行为,以获取新的知识或技能,重新组织已有的知识结构使之不断改善自身的性能。根据反应式无人机感知与规避系统框图,本书采用机器学习中两种学习技术:深度学习技术和强化学习技术,支撑框架中的观测数据降维模块和控制器模块。

1. 深度学习技术

深度学习(deep learning)[75-82]是机器学习的一种方法,它是一种使用多层的非线性函数构成深度网络对数据进行高层抽象的算法。受生物视觉的启发,深度学习主要想通过构建多层的深度网络来模拟生物的神经系统,并能够实现对于一些高维数据的解析功能。与传统的机器学习方法类似,深度学习的过程主要分为样本训练和数据测试两个过程,通过训练样本实现对于深度网络的参数学习,用构建好的深度模型来实现对新数据的测试和应用。随着相关训练算法和计算能力瓶颈的突破,尤其是对图形处理单元(graphics processing unit, GPU)和高性能计算(high performance computing, HPC)的使用,深度学习被广泛应用于人工智能相关的领域,并在多个研究问题上取得了巨大进展。

根据本书研究对象的感知规避需求,主要采用深度学习领域中卷积神经网络实现对于无人机感知环境中的障碍感知,即通过构建深度卷积神经网络实现对于环境特征的描述,通过不同的网络输出作为环境状态的描述,以实现观测数据降维的目的。卷积神经网络(convolutional neural network,CNN)是一种区分型深度神经网络结构,它通过描述数据的后验概率提高模式分类的能力。在反向传播(back propagation,BP)神经网络的基础上,通过改进基本的神经元结构,利用卷积操作实现非线性运算,与传统的神经网络训练过程类似,它也采用了前向传播计算输出值,并利用误差函数反向传播来调整网络中的权重参数和偏置参数。

1)卷积神经网络-前向传播

CNN 有三个重要的思想架构:局部区域感知、权重共享与空间或时间上的采样。CNN 与标准的 BP 神经网络的最大的不同是,CNN 中相邻层之间的神经单元并不是全连接,而是采用部分连接,也就是某个神经单元的感知区域来自于上层的部分神经单元,而不是像 BP 神经网络那样与所有的神经单元相连接,即 CNN 是一个局部区域感知的网络结构。局部区域感知能够发现数据的一些局部特征,例如图片上的一个角,一段弧,这些局部特征是构成动物视觉的基础。CNN 中的每一层由多个特征卷积模板组成,每个特征卷积模板由多个神经单元组成,同一个特征卷积模板的所有神经单元共用一个卷积核(即权重),实现了共享权重的过程。采样的目的主要是混淆特征的具体位置,这种混淆具体位置的策略能对变形和扭曲的图片进行识别。CNN 的这三个特点使其对输入数据在空间上和时间上的扭曲有很强的鲁棒性。卷积神经网络一个典型的层包含三个基础顺序运算单元,如图 2.5 所示。首先,输入数据经过第一级的多卷积运算,生成一组线性的激活响应;其次,经过一个非线性激活函数;最后,经过池化层使用某一位置的统计特性表征该网络在此位置的输出。

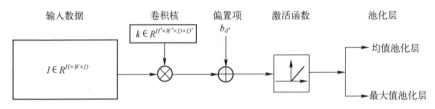

图 2.5　卷积神经网络基础顺序运算单元

（1）特征提取层。

特征提取层又称为卷积层,选取一系列不同尺寸、不同权重的核函数与图像进行卷积,得到的结果称为特征图谱。若卷积层的输入为 $I \in R^{H \times W \times D}$,滤波器卷积核定义为 $k \in R^{H' \times W' \times D \times D'}$,输出为 $y \in R^{H'' \times W'' \times D''}$。经过卷积运算算子后的输出为

$$y_{i''j''d''} = b_{d''} + \sum_{i'=1}^{H'} \sum_{j'=1}^{W'} \sum_{d'=1}^{D} k_{i'j'd} \times I_{i''+i'-1, j''+j'-1, d', d''} \qquad (2.5)$$

在卷积运算中,可能需要对输入的图像进行扩充,或者进行跳步式卷积,即卷积神经网络中的 Padding 和 Stride 运算。当对输入图像上下左右四个方向进行扩充,扩充的范围为 $(P_h^-, P_h^+, P_w^-, P_w^+)$,并降采样的步长为 (S_h, S_w) 时,卷积运算的输出变为

$$y_{i''j''d''} = b_{d''} + \sum_{i'=1}^{H'} \sum_{j'=1}^{W'} \sum_{d'=1}^{D} k_{i'j'd} \times I_{S_h(i''-1)+i'-P_h^-, S_w(j''-1)+j'-P_w^-, d', d''} \qquad (2.6)$$

则卷积运算后的输出矩阵大小为

$$H'' = 1 + \left\lfloor \frac{H - H' + P_h^- + P_h^+}{S_h} \right\rfloor, \quad W'' = 1 + \left\lfloor \frac{W - W' + P_w^- + P_w^+}{S_w} \right\rfloor \qquad (2.7)$$

（2）激活函数。

Sigmoid 函数是神经网络中常见的激活函数,但是在计算梯度下降中,容易饱和和终止梯度传递。在卷积神经网络中一般采用 Rectified Linear Unit（ReLU）函数,定义为

$$y_{ijd} = \max\{0, x_{ijd}\} \qquad (2.8)$$

ReLU 函数的优点是收敛快,求梯度简单。经过激活函数,卷积层的前向传播过程可以简化为

$$I^l = \sigma(z^l) = \sigma(I^{l-1} * W^l + b^l) \qquad (2.9)$$

（3）特征映射层。

特征映射层也称为池化层（pooling 层）,它属于计算层,通常有均值池化层（mean pooling）和最大值池化层（max pooling）两种形式。池化可以看作一种特殊的卷积过程。最大值池化层主要计算尺寸为 $H' \times W'$ 的图像块状表征其特征的最大值响应,即

$$y_{i''j''d} = \max_{1 \leq i' \leq H', 1 \leq j \leq W'} I_{i''+i'-1, j''+j'-1, d} \tag{2.10}$$

而均值池化层则是计算尺寸为 $H' \times W'$ 的图像块状能够表征其特征的均值响应,即

$$y_{i''j''d} = \frac{1}{W'H'} \sum_{1 \leq i' \leq H', 1 \leq j \leq W'} I_{i''+i'-1, j''+j'-1, d} \tag{2.11}$$

卷积和池化大大简化了模型复杂度,减少了模型的参数。CNN 一般采用卷积层与池化层交替设置,即数据经过一层卷积运算后,进行池化运算,池化运算后再进行卷积运算。一般卷积运算之后,输出需要经过激活函数运算操作,最后,经过多级卷积层和池化层级联到一个或多个全连层,全连层的输出就是最终的网络输出。这样卷积层提取出特征,再进行组合形成更抽象的特征,最后形成对图片对象的特征描述。

2) 卷积神经网络-反向传播

深度卷积神经网络的反向传播算法借鉴深度神经网络反向传播算法,但是卷积神经网络存在许多不同:卷积神经网络存在池化层,池化层没有激活函数,池化层激活函数的导数为 1;卷积神经网络通过张量卷积的方法,与多个卷积核相乘并求和得到该层的输出,区别于深度神经网络的每层输出求解过程(直接进行矩阵乘法得到当前层的输出)。

故深度卷积神经网络的反向传播过程包含以下两个过程:

(1) 已知池化层的梯度误差项 δ^l,推导上一隐藏层的梯度误差项 δ^{l-1}。

在反向传播时,通过 unsample 过程把 δ^l 的所有子矩阵的矩阵大小还原成池化之前的大小,即:如果是最大值池化层,则把 δ^l 的所有子矩阵的各个池化局域的值放在之前做前向传播算法得到最大值的位置;如果是均值池化层,则把 δ^l 的所有子矩阵的各个池化局域的值取平均后放在还原后的子矩阵位置。则上一隐藏层的 δ^{l-1} 可以求得

$$\delta_k^{l-1} = \frac{\partial J}{\partial I_k^{l-1}} \frac{\partial I_k^{l-1}}{\partial z_k^{l-1}} = \text{unsample}(\delta_k^l) \cdot \sigma'(z_k^{l-1}) \tag{2.12}$$

式中:$J(W, b, I, y)$ 为误差函数;(I, y) 为训练数据和标签数据对。

(2) 已知卷积层的 δ^l,推导上一隐藏层的 δ^{l-1}。

根据卷积层的前向传播公式(2.9),即 $I^l = \sigma(I^{l-1}) * W^l + b^l$,得到

$$\delta^{l-1} = \frac{\partial J}{\partial z^l} \frac{\partial z^l}{\partial z^{l-1}} = \delta^l \frac{\partial z^l}{\partial z^{l-1}} = \delta^l * \text{rot180}(W^l) \cdot \sigma'(z_k^{l-1}) \tag{2.13}$$

式中:rot180(·)指求导时,卷积核旋转 180°。

已知卷积层的 δ^l,可以推导该层的 W、b 的梯度,对于全连接层,可以按深度神经网络的反向传播算法求该层 W、b 的梯度,而池化层不用求 W、b 的梯度,只要得到卷积层的 W、b 的梯度

$$\begin{cases} \dfrac{\partial J}{\partial W^l} = \dfrac{\partial J}{\partial z^l}\dfrac{\partial z^l}{\partial W^l} = \delta^l * \mathrm{rot}180(I^{l-1}) \\ \dfrac{\partial J}{\partial b^l} = \displaystyle\sum_{u,v} (\delta^l)_{u,v} \end{cases} \quad (2.14)$$

综上,关于卷积神经网络的描述,结合无人机感知引用,细化框架中的感知具体流程如图 2.6 所示。针对不同的应用场景,基于卷积神经网络构建不同的状态表征,并以此表征为基础作为强化学习的输入。

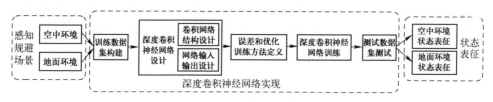

图 2.6　基于深度学习的无人机感知流程图

2. 强化学习技术

强化学习技术[83-87]是从控制理论、统计学、心理学等相关学科发展而来的。所谓强化学习是指从环境状态到行为映射的学习,以使系统行为从环境中获得累积奖赏值及最优策略,其基本框图如图 2.7 所示。学习系统(机器人)通过与环境的即时交互获得环境的状态信息,并通过反馈强化信号对所采取的行动进行评价,利用不断地试错和选择,进而逐步改进从状态到动作的映射策略,达到学习的目的。

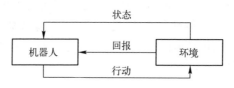

图 2.7　强化学习流程框图

从框图中可以看出,机器人系统通过感知来自环境中的状态输入,根据强化学习系统给出的映射策略,机器人执行一定的动作,并与外界完成交互,获取新的输入状态,机器人系统获取到新的输入状态的同时,此行为得到一定的奖惩。通过不停地迭代过程,不断地更新行为策略,同时机器人系统会得到一个累积的奖惩值,通过优秀的策略来获得一个最大的奖励值。

整个往复迭代的过程,展现了机器人获得状态的马尔可夫性,当前时刻状态的获得取决于上一时刻的状态和动作。另外,机器人执行不同的动作,获得不同的奖惩值,这个过程存在一种与环境交互的试错机制,当获得惩罚时,机器人系统在以后的动作序列中将不再选择该动作,而在获得奖励的情形下,则不断地强化该动作,这一假设大大简化了决策过程的复杂性。满足马尔可夫性的强化学习任务可定义为马尔可夫决策过程,为了描述强化学习框架的关键因素,给出其定义:

马尔可夫决策过程是一个智能体与环境交互的过程,因此有一个离散的时间序列,$t=0,1,2,\cdots$,在每一个时刻 t,智能体都会接收一个用来表示环境的状态 $s_t \in S$,其中:S 表示所有可能状态的集合,并且在状态的基础上选择一个动作 $a_t \in A(s_t)$,式中 $A(s_t)$ 表示在状态 s_t 时所有可能采取的动作的集合,在 t 时刻智能体采取一个动作后都会收到一个回报值 $r_{t+1} \in R$,然后接收一个新状态 s_{t+1}。马尔可夫决策过程一般由元组 (S,A,P,R,γ) 描述,其中:S 为有限或连续的状态集,A 为有限或连续的动作集,P 为状态转移概率,R 为回报函数,γ 为折扣因子,用来计算累积回报。强化学习任务中的五个关键因素如下。

(1)智能体:主要负责和环境进行交互,感知环境并执行一定动作,在本书中主要指无人机。

(2)环境:主要与智能体进行交互,当智能体感知相应的状态时,根据策略选择最优的动作,作用于外界环境并获得新的感知状态。

(3)策略:主要实现感知状态到动作的映射。

(4)回报:根据策略选择的动作给予一种即时的评价。

(5)评价函数:对智能体可能获得的回报进行估计,主要用于选择和更新策略。

至今,无模型的强化学习已经形成了两类主要方法:基于值函数估计的学习方法和直接策略搜索方法,当然,也有结合两类算法的混合算法如 Actor-Critic 方法等。目前,在机器人控制领域应用较为广泛的增强学习算法包括 TD 算法、Q 学习算法、自适应启发评价、分层增强学习算法以及策略梯度增强学习算法等几种类型。作为近两年来机器学习和智能控制领域的主要方法,强化学习主要关注智能体如何在环境中采取一定的动作,来获取最大的回报。累积回报定义为

$$G_t = R_{t+1} + \gamma R_{t+2} + \cdots = \sum_{k=0}^{\infty} \gamma^k R_{t+k+1} \tag{2.15}$$

累积回报是个随机变量,不是确定值,但其期望值是个确定值,故当智能体采用策略 π 时,累积回报在状态 s 处的期望值定义为状态—值函数:

$$V(s) = E_\pi \Big[\sum_{k=0}^{\infty} \gamma^k R_{t+k+1} \mid S_t = s \Big] \tag{2.16}$$

在实际应用中,强化学习算法通常面临大规模或者连续的状态空间,甚至是连续的动作空间。对于有限状态和动作,可以采用策略值表的方式,列出在不同状态和动作的策略值,而对于大规模的空间,会带来“维度灾难”问题的挑战。

针对此情况,需要结合值函数估计的方法,利用线性或非线性函数对于值函数策略估计,利用估计的策略值来实现对于大规模的状态和动作空间的泛化表示。即假设对于某一任务,首先获取了一批专家的策略决策轨迹数据: $\{\tau_1, \tau_2, \cdots \tau_m\}$,其中,每一个决策轨迹数据都包含"状态-动作对":

$$\tau_i = \langle s_1^i, a_1^i, s_2^i, a_2^i, \cdots, s_{n_i+1}^i \rangle \tag{2.17}$$

式中: n_i 为第 i 条决策轨迹中状态转移的次数。对于这一批专家数据,将所有的"状态-动作对"抽取出来,构建如下的数据库 D:

$$D = \{(s_1, a_1), (s_2, a_2), \cdots, (s_{\sum_{i=1}^m n_i}, a_{\sum_{i=1}^m n_i})\} \tag{2.18}$$

利用构建好的数据库,将状态数据作为特征,动作数据作为标签值,可以利用监督学习对于专家经验动作进行直接模仿学习,即主要通过监督学习实现对于离散动作的分类学习或对于连续动作实现回归学习。而增强学习不同于监督学习和非监督学习,其基本思想是借鉴人类学习的过程,让智能体通过不断试错来找寻最优策略,而只需要设置回报(奖励和惩罚)即可。当不存在专家数据时,可以利用某一策略产生许多次试验,每次试验都是从任意的初始状态开始直到此次试验结束,得到一批"状态-动作对"与评价指标,即式(2.17)变为

$$\tau_i = \langle (s_1^i, a_1^i, r_1^i, s_2^i), (s_2^i, a_2^i, r_2^i, s_3^i), \cdots (s_{n_i}^i, a_{n_i}^i, r_{n_i}^i, s_{n_i+1}^i) \rangle \tag{2.19}$$

利用上述数据对,通过线性或非线性网络对于值函数进行逼近。根据以上对于强化学习任务的描述,结合无人机规避策略的控制模块设计,细化框架中的强化学习部分如图2.8所示。通过存储"状态-动作对"与评价指标学习样本,对强化学习模块中的值函数设计与估计,得到最优的值函数以获取最优的规避动作。

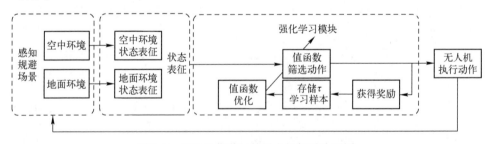

图2.8 基于强化学习的无人机规避流程图

2.4 无人机感知-规避状态空间表征描述

当无人机在空中遭遇障碍物时,可以利用自身携带的传感器感知并对障碍

物的状态信息进行描述。障碍物的状态描述信息基本上可以分为以下几类:障碍物的空间位置信息,此类信息主要通过 GPS、雷达等传感器获取;障碍物的空间方位角信息,此类信息主要通过雷达获取;障碍物的图像坐标信息,此类信息主要通过图像传感器获取。

本书研究的无人机感知信息,主要通过视觉传感器获取,采集的主要是可见光图像。按照传统的视觉伺服控制思路,利用机载相机,可以直接获取的信息有图像信息、图像坐标等,间接获取的信息有障碍物的空间物理位置、角度信息等(主要通过视觉测量原理获取)。但本书利用单目视觉图像来实现无人机对于障碍物的感知信息获取,主要通过观测数据的降维,实现对障碍环境的表征。本节主要介绍如何合理地设计感知和规避动作的状态空间描述,以实现对于数据的有效降维。

2.4.1　环境障碍物状态描述

本书主要研究两类环境下的无人机规避问题:空中以及近地环境,其中近地环境主要考虑树林环境、电线杆环境等。本节主要对空中、近地环境的障碍物状态进行表征描述。根据空间位置关系,以及采样的离散性,障碍物的状态描述可以用以下两种方式进行设计:离散状态描述空间以及连续状态描述空间。

1. 空中、近地障碍物离散状态描述

若相机与无人机机体是固联的,在无人机机体坐标系、视觉坐标系下,则无人机与空中障碍物的构型关系可以如图 2.9 所示。定义无人机机体坐标系为 O_b-$X_bY_bZ_b$,视觉坐标系为 O_I-X_IY_I,其中 O_bY_b 作为视觉坐标系中的相机光轴方向,O_IX_I 轴和 O_bX_b 轴朝向相同且平行,O_IX_I 轴和 O_bX_b 轴朝向相同且平行。

根据人为经验,空中的单个障碍物出现在无人机的视野中的空间位置大致可以分为 9 个位置区域(上、下、左、右、中、左上、左下、右上、右下)。而在近地环境(森林、电线杆)穿梭中,例如,为了避免落入树冠之中,无人机的飞行高度一般位于树木的树干位置[31-34],所以近地环境中的障碍位于无人机的视野中的空间位置大致可以分为 3 个位置区域(左、右、中)。

根据以上分析,可将像平面大致分为 9 个区域,障碍物位于像平面的位置状态向量 s 可以采用一个 9 维的向量进行描述,令 $S_{物}$ = [l_1 　l_2 　l_3 　l_4 　l_5 　l_6 　l_7 　l_8 　l_9],其中 l_i 取值为 0 或 1,一共存在 2^9 种情况,例如,若 $S_{物}$ = [001000000],则表示在第 3 个区域(右上)存在障碍物。当然,障碍物也可能位于两个区域的交叉位置,例如,$S_{物}$ = [110110000] 表示障碍物存在一个交叉区域(左侧、中侧、中上侧、左上侧)。其中,$S_{物}$ = [000000000] 为目标状态,即表示图像视野中没有障碍物。

为了便于区分空中、近地环境下的障碍物状态描述。空中单个障碍物状态

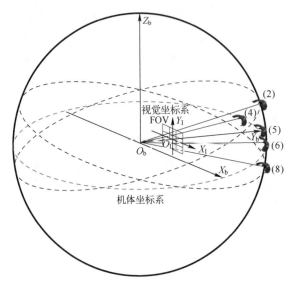

图 2.9　无人机机体坐标系、视觉坐标系下无人机与空中障碍物的构型关系

运用不同尺度、且小于感知区域的连通区域来表示障碍物的状态编码,定义如下:

(1) 满足单连通区域下即 $\sum\limits_{i=1}^{9} l_i = 1$ 条件的为空中障碍物近距离状态编码;

(2) 满足 2 连通区域下即 $\sum\limits_{i=1}^{9} l_i = 2$ 且 $(l_i \cap l_{i+1}=1,i=1,2,4,5,7,8) \cup (l_i \cap l_{i+3}=1,i=1,2,\cdots,6)$ 条件的为空中障碍物中距离状态编码;

(3) 满足 4 连通区域下,即 $\sum\limits_{i=1}^{9} l_i = 4$ 且 $l_i \cap l_{i+1} \cap l_{i+3} \cap l_{i+4}=1(i=1,2,4,5)$ 条件的为空中障碍物近距离状态编码。

根据 9 个划分区域下空中障碍物的状态描述以及约束条件,存在 23 个感知状态,一共分为 4 类,定义如表 2.1 所示。

表 2.1　空中环境状态定义

目标状态类	S_0
单连通状态类	$S_i, i=1,2,\cdots,9$
2 连通状态类	$S_i, i=10,11,\cdots,21$
4 连通状态类	$S_i, i=22,23,\cdots,25$

同样,近地环境区域采用以下多连通区域进行定义:

(1) 满足 3 连通区域下,即 $\sum\limits_{i=1}^{9} l_i = 3$ 且 $l_i \cap l_{i+3} \cap l_{i+6}=1(i=1,2,3)$ 条件的为

地面近距离状态编码;

(2) 满足 6 连通区域下,即 $\sum_{i=1}^{9} l_i = 6$ 且 $l_i \cap l_{i+1} \cap l_{i+3} \cap l_{i+4} \cap l_{i+6} \cap l_{i+7} = 1$($i = 1,2$)条件的为空中障碍物中距离状态编码。

根据森林、电线杆等障碍物的状态描述以及约束条件,一共存在 6 个感知状态,分为 4 类,分别定义如表 2.2 所示(本书主要以森林环境为近地环境的研究背景)。

表 2.2　森林环境状态定义

目标状态类	S_0
3 连通状态类	$S_i, i = 1,2,3$
6 连通状态类	$S_i, i = 4,5$

l_1	l_2	l_3
l_4	l_5	l_6
l_7	l_8	l_9

(a) 像平面感知状态空间定义

0	0	1
0	0	0
0	0	0

(b) 空中远距状态

0	0	1
0	0	1
0	0	0

(c) 空中中距状态

1	1	0
1	1	0
0	0	0

(d) 空中近距状态

0	0	1
0	0	1
0	0	1

(e) 森林远距状态

0	1	1
0	1	1
0	1	1

(f) 森林近距状态

0	0	1
0	0	0
0	0	0

(g) 冗余状态

0	0	0
0	0	0
0	0	0

(h) 目标状态

图 2.10　部分状态空间表示

但是整个状态空间中存在一些冗余状态,例如,$S_{物} = [00110000]$,一个物体不可能出现在不相连的位置。当然,也可以将 9 个图像区域化为更为精细的区域。根据更为精细的区域划分定义维数更多的状态描述空间,如 4×4 维、4×5 维等。

2. 空中障碍物连续状态描述空间

空中障碍物出现在无人机视野的位置是个动态时变的过程,其图像坐标的变化是个连续的过程。另外,随着无人机和障碍物的相对距离的变化,障碍物在图像中呈现不同尺寸,其变化也是个连续过程。因此选择无人机视野中的障碍物体的图像位置及尺寸作为障碍物的状态描述对象,定义为

$$S_t = \{u_t, v_t, O_t\} \tag{2.20}$$

式中:(u_t, v_t) 为障碍物在图像中的图像坐标;O_t 为障碍物在图像中所占有的像素数目。状态量满足以下约束条件:

$$u_t \in \left[-\frac{a}{2}, \frac{a}{2}\right], \quad v_t \in \left[-\frac{b}{2}, \frac{b}{2}\right], \quad O_t \in [0, O_{\max}] \qquad (2.21)$$

另外,当无人机完成对空中的障碍物或者威胁物体的避让时,障碍物的位置关系定义为目标状态,如图 2.11 所示。

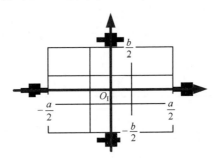

图 2.11　图像坐标系下障碍物位置的边界条件

目标状态为 $s_{t\_final} = \{u_{t\_final}, v_{t\_final}, 0\}$,其中根据不同的规避规则,$u_{t\_final}$ 和 v_{t_final} 满足以下约束:

(1) 当无人机以左/右转向完成规避动作,障碍物从像平面水平方向逃离时,u_{t_final} 和 v_{t_final} 满足 $u_{t\_final} \in \left\{-\frac{a}{2}, \frac{a}{2}\right\}$,$v_{t\_final} \in \left[-\frac{b}{2}, \frac{b}{2}\right]$;

(2) 当无人机以上升/下降完成规避动作,障碍物从像平面垂直方向逃离时,u_{t_final} 和 v_{t_final} 满足 $u_{t\_final} \in \left[-\frac{a}{2}, \frac{a}{2}\right]$,$v_{t\_final} \in \left\{-\frac{b}{2}, \frac{b}{2}\right\}$。

3. 近地障碍物连续状态描述

不像空中环境相对简单,地面森林环境相对复杂,不可能用单一的图像坐标作为描述整幅图像中的障碍物变化趋势,所以可选择无人机前视相机采集的整幅图像作为 t 时刻的感知状态描述,即 $s_t = I(t)_{m \times n \times d}$,其中 $m \times n \times d$ 表示采集图像的尺寸与维数。但是,$m \times n \times d$ 的图像,描述了环境中物体详细的像素值,但是尺寸却带来了高维状态描述的麻烦,本书采用第 4 章的深度估计网络,实现对 $I(t)_{m \times n \times d}$ 的降维表征,得到降维的图像 $I(t)'$,以此作为地面森林障碍物的连续状态描述。

2.4.2　无人机规避动作描述

无人机主要针对感知到的状态,对前方的障碍物进行规避。本书所涉及的研究问题是轻小型无人机的机动规避问题,这种规避行为行动应该是迅速的,并且能够达到无人机的最大性能的机动限制。以"X"形旋翼无人机为例,其基本构型与坐标系定义示意图如图 2.12 所示,其中,定义无人机机体坐标系为 O_b-

$X_bY_bZ_b$、世界坐标系为 O_e–$X_eY_eZ_e$，欧拉角为 $\Theta=\begin{bmatrix}\phi & \theta & \psi\end{bmatrix}$，机体坐标系下三个角速度分量 $\omega=\begin{bmatrix}p & q & r\end{bmatrix}$。定义的正方向为机体坐标系向右滚转为正；上仰为正；右偏为正。

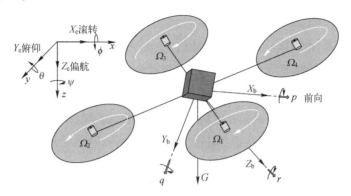

图 2.12　四旋翼坐标系定义

同样，无人机的机动动作描述可以用以下两种方式进行设计：

1. 离散运动描述

根据对旋翼无人机俯仰角、偏航角、滚转角及位置控制的运动调节方式，如图 2.13 所示将四旋翼无人机划分为四种基本的飞行控制方式：垂直飞行控制、横滚控制、俯仰控制、偏航控制。可以大致设计其基本行为动作：俯冲/上拉、左/右偏航、左/右滚转、上升/下降。因此，定义的运动空间为 $a_{机}=\begin{bmatrix}a_1 & a_2 & u_3\end{bmatrix}$，对应的动作空间描述为

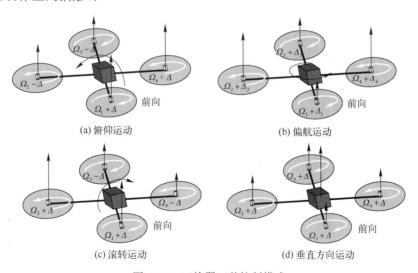

(a) 俯仰运动　　　　　　　　　　　(b) 偏航运动

(c) 滚转运动　　　　　　　　　　　(d) 垂直方向运动

图 2.13　四旋翼四种控制模式

表 2.3　四旋翼运动空间动作定义

运动空间	动作空间描述	运动空间	动作空间描述
$a_机=[\,0\ \ 0\ \ 0\,]$	俯冲,俯仰角 θ 减小	$a_机=[\,0\ \ 0\ \ 1\,]$	上拉,俯仰角 θ 增大
$a_机=[\,0\ \ 1\ \ 0\,]$	左转,偏航角 φ 负向增大	$a_机=[\,0\ \ 1\ \ 1\,]$	右转,偏航角 φ 正向增大
$a_机=[\,1\ \ 0\ \ 0\,]$	左滚转,滚转 ϕ 负向增大	$a_机=[\,1\ \ 0\ \ 1\,]$	右滚转,滚转 ϕ 正向增大
$a_机=[\,1\ \ 1\ \ 0\,]$	上升	$a_机=[\,1\ \ 1\ \ 1\,]$	下降

2. 连续运动描述

根据对四旋翼的运动学及动力学分析,针对这种四旋翼非线性系统,假如满足以下建模条件:四旋翼机体质心与机体坐标系原点一致;仅在偏航运动中考虑摩擦;系统结构是刚体且是对称系统;忽略地面和其他表面的作用,则可以建立四旋翼的六自由度运动学–动力学模型。

由 $m\begin{bmatrix}\ddot{x}\\\ddot{y}\\\ddot{z}\end{bmatrix}=\boldsymbol{R}\sum_{i=1}^{4}F_i\begin{bmatrix}0\\0\\1\end{bmatrix}+\begin{bmatrix}0\\0\\-mg\end{bmatrix}$ 得到

$$\begin{cases}\ddot{x}=\dfrac{1}{m}\sum_{i=1}^{4}F_i(-\sin\psi\sin\phi+\cos\psi\sin\theta\cos\phi)\\[2mm]\ddot{y}=\dfrac{1}{m}\sum_{i=1}^{4}F_i(\cos\psi\sin\phi+\sin\psi\sin\theta\cos\phi)\\[2mm]\ddot{z}=\dfrac{1}{m}\sum_{i=1}^{4}F_i\cos\theta\cos\phi-g\end{cases}\qquad(2.22)$$

小型四旋翼飞行器所受的力矩主要为空气阻力力矩、旋翼力矩和陀螺力矩。

由 $\begin{bmatrix}\tau_x\\\tau_y\\\tau_z\end{bmatrix}=\begin{bmatrix}\dot{p}J_x+qr(J_z-J_y)\\\dot{q}J_y+rp(J_x-J_z)\\\dot{r}J_z+pq(J_y-J_x)\end{bmatrix}=\begin{bmatrix}\tau_\phi-\tau_{\mathrm{gyro},i_x}-\tau_{afx}\\\tau_\theta-\tau_{\mathrm{gyro},i_y}-\tau_{afy}\\\tau_\varphi-\tau_{\mathrm{gyro},i_y}-\tau_{afz}\end{bmatrix}$ 得到

$$\begin{bmatrix}\dot{p}\\\dot{q}\\\dot{r}\end{bmatrix}=\begin{bmatrix}-\dfrac{qr(J_z-J_y)}{J_x}+\dfrac{J_{rz}}{J_x}(\omega_1-\omega_2+\omega_3-\omega_4)q+\dfrac{\tau_\phi-\tau_{afx}}{J_x}\\[3mm]-\dfrac{rp(J_x-J_z)}{J_y}-\dfrac{J_{rz}}{J_y}(\omega_1-\omega_2+\omega_3-\omega_4)p+\dfrac{\tau_\theta-\tau_{afy}}{J_y}\\[3mm]-\dfrac{pq(J_y-J_x)}{J_z}+\dfrac{\tau_\varphi-\tau_{afz}}{J_y}\end{bmatrix}\qquad(2.23)$$

式中:$\boldsymbol{R}$ 为按照 z-y-x 的顺序旋转得到的由机体坐标系到世界坐标系的旋转矩阵,定义为 $\boldsymbol{R}=R_z(\psi)R_y(\theta)R_x(\phi)$;$F_i$ 为四个螺旋桨产生的升力,定义为 $F_i=$

$k\left(\sum\limits_{i=1}^{4}\omega_i^2\right)$，$k$ 为升力因子，ω_i 为电机转速；$\boldsymbol{J}=\mathrm{diag}\left[J_x,J_y,J_z\right]$ 为四旋翼无人机在机体坐标系三个轴向上的转动惯量；$\boldsymbol{J_r}=\mathrm{diag}\left[J_{rx},J_{ry},J_{rz}\right]$ 为电机的惯性矩阵。

旋转矩阵为 $\boldsymbol{R}_x(\phi)=\begin{bmatrix}1 & 0 & 0\\ 0 & \cos\phi & \sin\phi\\ 0 & -\sin\phi & \cos\phi\end{bmatrix}$，$\boldsymbol{R}_y(\theta)=\begin{bmatrix}\cos\theta & 0 & \sin\theta\\ 0 & 1 & 0\\ -\sin\theta & 0 & \cos\theta\end{bmatrix}$ 和

$\boldsymbol{R}_z(\psi)=\begin{bmatrix}\cos\psi & -\sin\psi & 0\\ \sin\psi & \cos\psi & 0\\ 0 & 0 & 1\end{bmatrix}$，得到

$$\boldsymbol{R}=\begin{bmatrix}\cos\psi\cos\theta & -\sin\psi\cos\phi-\cos\psi\sin\theta\sin\phi & -\sin\psi\sin\phi+\cos\psi\sin\theta\cos\phi\\ \sin\psi\cos\theta & \cos\psi\cos\phi-\sin\psi\sin\theta\sin\phi & \cos\psi\sin\phi+\sin\psi\sin\theta\cos\phi\\ -\sin\theta & -\cos\theta\sin\phi & \cos\theta\cos\phi\end{bmatrix}$$

$$(2.24)$$

俯仰运动产生的转矩是 $f_1+f_4-f_3-f_2$ 的函数；滚转运动产生的转矩是 $f_1+f_2-f_3-f_4$ 的函数，偏航运动的转矩为所有转矩之和，即 $\tau_{M_1}+\tau_{M_2}+\tau_{M_3}+\tau_{M_4}$，则旋翼产生的力矩可以表示为

$$\begin{bmatrix}\tau_\phi\\ \tau_\theta\\ \tau_\varphi\end{bmatrix}=\begin{bmatrix}-\dfrac{\sqrt{2}}{2}\mathrm{lb}\left(\omega_1^2+\omega_4^2-\omega_2^2-\omega_3^2\right)\\ -\dfrac{\sqrt{2}}{2}\mathrm{lb}\left(-\omega_1^2-\omega_2^2+\omega_3^2+\omega_4^2\right)\\ d\left(\omega_1^2+\omega_3^2-\omega_2^2-\omega_4^2\right)\end{bmatrix} \qquad (2.25)$$

空气阻力力矩为 $\boldsymbol{\tau}_{\mathrm{af}}=\begin{bmatrix}K_{\mathrm{afx}}p\\ K_{\mathrm{afy}}q\\ K_{\mathrm{afz}}r\end{bmatrix}$。另外，机体坐标系下三轴角速率与欧拉角速率的关系为

$$\begin{bmatrix}\dot{\phi}\\ \dot{\theta}\\ \dot{\varphi}\end{bmatrix}=\begin{bmatrix}p+\sin\phi\tan\theta q+\cos\phi\tan\theta r\\ q\cos\phi-r\sin\phi\\ \left(\sin\phi/\cos\theta\right)q+\left(\cos\phi/\cos\theta\right)r\end{bmatrix} \qquad (2.26)$$

根据四旋翼无人机的运动学和动力学模型描述，可以获取四旋翼无人机的状态描述量为

$$\boldsymbol{X}=\begin{bmatrix}x & y & z & v_x & v_y & v_z & \phi & \theta & \varphi & p & q & r\end{bmatrix} \qquad (2.27)$$

根据研究内容，本书主要选取无人机角度的参考量 $\begin{bmatrix}\phi_d & \varphi_d\end{bmatrix}$ 作为连续动作状态的描述量。

2.5 本章小结

本章主要设计了无人机感知与规避的框架,该框架主要结合了基于行为分解的控制体系结构与学习机制,定义了该框架中"感知—行动"的映射数学描述,结合数学定义,分析了完成每个模块所需要考虑的关键环节,给出本书中所需要使用的感知与动作的离散、连续状态描述,本书后续章节将论述如何获取感知与动作的描述量,以及如何构建之间的映射关系。

第3章　基于显著性的空中障碍目标检测方法

3.1　引　　言

根据第2章对于空中环境的表征定义,本书获取空中环境下目标障碍物的图像位置坐标主要依靠目标检测的方法。显著性目标检测是人类视觉判断障碍物的主要方法之一,受人类视觉的启发,本书提出基于显著性检测的狭义特征提取方法。而检测的主要挑战在于在不同的背景下寻找不同的障碍物,目前有许多研究领域(包括图像分割、目标识别等)和目标检测有关,而目标检测的一个重要环节是如何表征目标特征。由此,本章提出两种显著性检测方法:一是从图像频域信息分布角度来获取显著性目标;二是结合深度学习方法解决显著性领域对于特征描述困难的问题。

3.2　视觉注意机制与显著性检测

人类本身存在视觉注意机制(visual attention mechanism,VAM),即当人类在面对一个场景时,人类的视觉系统会选择性地捕获那些人类感兴趣的区域,而忽略掉一些不感兴趣的区域,而这些人们感兴趣的区域被称为显著性区域[130]。根据视觉处理领域划分,人类视觉注意机制有两种策略:

(1) 自下而上基于数据驱动的注意机制。这种机制仅仅受到图像自身的基本属性特征影响,如图像的颜色、亮度、边缘等,即仅受到感知数据的驱动,通过判断目标区域和它周围像素的差异,使人类视觉系统对一些图像中的显著基本属性特征更为敏感,从而捕获到显著性区域。

(2) 自上而下基于任务驱动的注意机制。这种机制通过任务驱动来影响人类,由人的"认知因素"决定,在视觉注意的过程中涉及先验知识的驱动,例如知识、预期和当前的目标,用图像的特定特征来计算图像区域的显著性。

由此在机器视觉领域提出视觉显著性检测方法,通过智能算法模拟人的视觉特点,提取图像中的显著性区域(即人类感兴趣的区域)。近年来研究者们提出了大量可计算的注意力选择模型,用于模拟人类的视觉注意机制。这些模型包括基于认知、贝叶斯、决策论、信息论、图模型、频域分析和基于模式分类的等人视觉注意模型[130-136]。

3.3 基于频域信息的显著性目标检测

3.3.1 基于频域信息的显著性检测方法描述

假设一幅图像的背景存在大量的重复冗余区域,其中的物体是相对唯一的,则背景的幅度谱比显著物体的幅度谱相对尖锐。变换后的图像从左上角到右下角为从低频到高频的变化信号,系数的绝对值逐渐变小,能量主要集中在低频部分。低频系数体现目标的轮廓和灰度分布特性,高频系数体现了目标形状的细节。显著性区域检测,主要对目标的低频部分体现的轮廓特性感兴趣。因此,通过抑制冗余背景的幅度谱,可以明显地突出显著目标。

本章提出的显著性检测的整个算法流程如图 3.1 所示,主要包括以下几个处理算子:离散余弦变换、离散余弦反变换、高斯卷积、平均算子及归一化等。离散余弦变换是在傅里叶变换的基础上发展起来的,在计算过程中避免了傅里叶变换中的复数运算,具有更高的数据处理速度和精度,离散余弦变换除了具有一般的正交变换性质外,它的变换阵的基向量能很好地描述人类语音信号和图像信号的相关特征。因此,离散余弦变换被广泛应用于图像压缩、图像质量评价等领域。

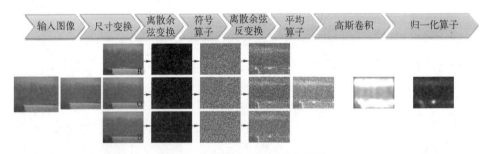

图 3.1 显著性频域检测流程图

1. 离散余弦变换算子

输入图像为 $I(x,y)$,尺寸为 $a \times b \times d$,其中 $d = 3$ 为图像的维数。本书主要从频域变换角度,利用离散余弦变换实现显著性区域的检测。本书利用抑制离散余弦变换(discrete cosine transform,DCT)去除谱峰,来去除冗余背景的幅度谱。另外,DCT 的量化过程实际上就是对 DCT 系数的一个优化过程。它是利用了人眼对高频部分不敏感的特性来实现数据的大幅简化。离散余弦变换的定义为

$$I(x,y)_c^{\mathrm{DCT}} = \alpha_p \alpha_q \sum_{i=0}^{m-1} \sum_{j=0}^{n-1} I(i,j)_c \cos\frac{(2i+1)p\pi}{2m} \cos\frac{(2j+1)q\pi}{2n}, \quad (3.1)$$

$$0 \leqslant p \leqslant m-1, 0 \leqslant q \leqslant n-1$$

式中:$\alpha_p = \begin{cases} \dfrac{1}{\sqrt{m}}, & p=0 \\ \sqrt{\dfrac{2}{m}}, & 1 \leqslant p \leqslant m-1 \end{cases}$, $\alpha_q = \begin{cases} \dfrac{1}{\sqrt{n}}, & q=0 \\ \sqrt{\dfrac{2}{n}}, & 1 \leqslant q \leqslant n-1 \end{cases}$, $c=R,G,B$。

2. 符号算子

对于变换后的图像 $I(x,y)_c^{\mathrm{DCT}}$ 进行符号运算,筛选出感兴趣的区域。符号运算的定义为

$$I(x,y)_c^{\mathrm{S}} = \begin{cases} -1, & I(x,y)_c^{\mathrm{DCT}} > 0 \\ 0, & I(x,y)_c^{\mathrm{DCT}} = 0 \\ 1, & I(x,y)_c^{\mathrm{DCT}} < 0 \end{cases} \quad (3.2)$$

3. 离散余弦反变换算子

离散余弦反变换(inverse discrete cosine transform, IDCT)将筛选后的图像变换到原来的形式。相对于频谱稀疏的背景,离散余弦反变换能够将图像信号的能量集中在一个空间稀疏的前景位置。其定义为

$$I(x,y)_c^{\mathrm{IDCT}} = \sum_{p=0}^{m-1} \sum_{q=0}^{n-1} \alpha_p \alpha_q I(p,q)_c^{\mathrm{S}} \cos\frac{(2i+1)p\pi}{2m} \cos\frac{(2j+1)q\pi}{2n} \quad (3.3)$$

4. 平均算子

平均算子主要将不同通道的离散余弦反变换图像均一化处理,其定义为

$$I(x,y)^{\mathrm{MEAN}} = \frac{1}{3}(I(x,y)_R^{\mathrm{IDCT}} + I(x,y)_G^{\mathrm{IDCT}} + I(x,y)_B^{\mathrm{IDCT}}) \quad (3.4)$$

5. 高斯卷积算子

高斯卷积运算主要对于变换后的图像进行平滑操作,定义为

$$I(x,y)^{\mathrm{G}} = I(x,y)^{\mathrm{MEAN}} * G(i,j,\sigma) \quad (3.5)$$

其中:$G(i,j,\sigma) = \dfrac{1}{2\pi\sigma^2} \mathrm{e}^{-\frac{(i^2+j^2)}{2\sigma^2}}$,$\sigma$ 为高斯方差参数,卷积运算 $*$ 定义 $h(x,y) = f*g = \displaystyle\int_{-\infty}^{\infty} \int_{-\infty}^{\infty} f(\eta,\mu)g(x-\eta,y-\mu)\mathrm{d}\eta\mathrm{d}\mu$。

6. 归一化算子

为了便于显示显著性处理结果,降低不同像素间的对比度。利用归一化算子处理滤波后的图像,将图像的像素值归一至 [0,1]。其定义为

$$I(x,y)^{\mathrm{N}} = \rho(I(x,y)^{\mathrm{G}} - I(x,y)_0^{\mathrm{G}}) \quad (3.6)$$

式中：$I(x,y)^G_0 = \min(I(x,y)^G)$ ，$\rho = \dfrac{1}{\max(I(x,y)^G) - \min(I(x,y)^G)}$。

获取了空中环境的显著性图像之后，需要在显著图中实现对空中环境障碍物的定位，即进行表征。如何在该图像中解算无人机的图像坐标，是本书需要解决的第二个问题。该过程主要分为两个步骤：像素筛选、位置解算。

7. 像素筛选

$I(x,y)^N$ 为得到的显著性图源，设定阈值 δ。筛选无人机显著的区域，得到保留无人机位置的筛选图 $S(x,y)^\delta$，所采用的阈值判断运算为

$$S(x,y)^\delta = \begin{cases} 0, & I(x,y)^N < \delta \\ I(x,y)^N, & I(x,y)^N \geqslant \delta \end{cases} \tag{3.7}$$

8. 位置解算

对于筛选图 $S(x,y)^\delta$，为了获取针对无人机的一个相对确切的图像坐标 (u, v)。本书采用平均运算算子，其定义方式如下

$$\begin{cases} u = \dfrac{1}{a} \sum_{i=1}^{m} x_i \\ v = \dfrac{1}{a} \sum_{j=1}^{n} y_j \end{cases} \tag{3.8}$$

其中：a 为筛选图 S' 中非 0 像素的个数；(x_i, y_j) 为筛选图 $S(x,y)^\delta$ 中的图像坐标。

由于显著性算法受人类视觉启发，当人类观测场景时，观测的焦点是实时变化的。在不同的距离，观测同一场景，观测到的显著性物体区域也是不一样的。通过上述分析，可以发现显著性检测算法中存在两个重要的影响参数：图像尺寸及高斯方差系数 σ。这两个参数对于模仿人类的观测距离有直接关系。

本书利用最近邻插值的方法改变输入图像尺寸的大小，输入图像的尺寸会影响算法的运行时间以及处理效果。为了便于描述尺寸的变化大小，定义尺寸尺度因子为 γ，改变尺寸后的图像为 $m \times n \times d$，其中 $m = a \times \gamma, n = b \times \gamma$。为了验证尺寸尺度因子的影响，本书针对同一张图像，利用不同的尺寸尺度因子改变图像大小，经过相同的显著性算法处理后，还原至原来尺寸，处理结果如图 3.2 所示。从图中可以看出，不同的尺寸尺度因子对应不同的显著性区域，另外，算法运行时间也不相同。较大的尺寸尺度因子对应较长的处理时间。因此，在算法运行过程中，为了得到较好的显著性物体检测区域，需要选择较优的尺寸尺度因子 γ。

另外，在该算法中，不同的高斯方差系数 σ 也会影响算法处理结果，如图 3.3 所示。

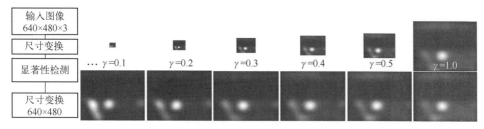

图 3.2　不同的图像尺寸下的显著性检测效果

图 3.3　同一图像不同 σ 下的显著性处理结果

本节针对两个参数,提出共用的参数选择机制:利用熵来选择较优的参数。熵可以被用来区分不同的图像区域的不同的特征和纹理结构,因此熵常用来描述图像的各向异性。通过熵值的变化趋势,本书来选择较优的参数值 γ 和 σ。特别地,本书选择 Renyi 熵来计算熵值的变化,其定义为

$$Re = \frac{1}{1-q}\ln\Big(\sum_{i=1}^{m}\sum_{j=1}^{n}I(i,j)^{q}\Big) \qquad (3.9)$$

式中:q 为可调节因子。考虑到计算复杂度和参数的利用,本书根据经验设定 q =3。γ 和 σ 的选择主要根据设置不同的参数值,通过熵值的变化趋势来选择,此部分将在算法参数选择实验中进行详细描述。

▶▶ 3.3.2　基于频域信息的显著性检测算法设计

根据 3.3.1 定义的各种算子,提出本书的图像显著性检测算法,如算法 3.1 所示。其中,尺寸尺度因子与高斯方差参数的选择根据多组数据实验和熵值的变化趋势得来,作为已知的条件成为算法的输入。

算法 3.1:基于频域信息的显著性检测算法
输入:图像 $I(x,y)$,算法参数:尺寸尺度因子 γ,高斯方差参数 σ
输出:显著图

算法流程：

    Step 1   图像尺寸变化：根据尺寸尺度因子，采用最近邻插值的方法离散将图像的 RGB 三个通道变换至统一尺寸；

    Step 2   图像离散余弦变换：根据式(3.1)，将变化尺寸的图像三个通道分别进行离散余弦变换；

    Step 3   符号运算：利用式(3.2)，重新定义像素值；

    Step 4   图像离散反余弦变换：根据式(3.3)，将图像三个通道分别进行离散余弦反变换；

    Step 5   平均算子：根据式(3.4)，得到 RGB 三个通道的归一化结果；

    Step 6   高斯卷积处理：根据式(3.5)，利用参数 σ 得到高斯滤波结果；

    Step 7   归一化处理：根据式(3.6)，将图像归一至 $[0,1]$，得到显著图。

从算法 3.1 可以看出，基于频域信息的方法的算法流程比较简单，主要针对图像数据实现频域变换，频域变换的原理使得算法具有更高的数据处理速度，适用于机载计算资源有限的应用场景，但是算法主要结合了图像中颜色分布的特点，结果忽略了物体的形状特性，需要设计一种好的显著性特征表征方式，来取代单一的颜色特性。

3.4　基于深度学习的显著性目标检测

在显著性检测领域，利用图像中物体的颜色、纹理、位置等特征可以分割出显著目标。但是，许多传统方法都存在特征学习不足和鲁棒检测效果不好等问题，而人类视觉系统对于物体的显著性却具有很好的特征描述性。随着机器学习技术的发展，特别是深度学习等算法的不断成熟，利用深度神经网络来对物体的特征进行抽象描述，使显著性检测领域迎来新的发展。基于现有深度神经网络的基本理论，本节采用卷积神经网络来提取表征物体显著性的特征，并采用分类的思想实现显著性检测。

▶ 3.4.1　基于卷积神经网络的显著性检测方法描述

本书利用深度卷积神经网络[75-77]，通过抽象的提取特征表示，利用带标签的图像数据进行有监督的训练，获取显著图。主要采用深度学习领域中的图像块的概念，对于适当尺寸的图像块进行标签标注，通过训练设计的深度网络，利用滑动窗口的概念实现对于整幅图像的显著物体标注。

显著性检测的数据集分为训练数据和测试数据，其中，所有数据都带有标签

数据集,即有显著性图的图集。本书采用一个深度卷积网络进行图像显著性检测,利用监督学习后的深度卷积网络,产生所需要的物体显著图。显著性检测的目的是从背景中区分出显著的区域,本书将显著性检测问题定义为一个分类问题。对于每一幅输入图像,根据训练后的深度卷积网络获得其类别标签 label,其类别标签的决定因素为深度卷积网络的最后一层 softmax 层的值,输出值定义为$\{o_k|k=1,2,\cdots,n\}$,其中 n 为类别数目。在本书中,图像的显著性检测问题主要分为两类,也就是 $n=2$,即非显著的背景和显著的目标区域 label $\in\{0,1\}$。

故图像中像素隶属于显著物体的显著程度定义为

$$o_l = \max(\{o_k|k=0,1\}) \tag{3.10}$$

式中:$\{o_k|k=1\}$ 表示属于显著物体的程度值,$\{o_k|k=0\}$ 表示属于背景的程度值。根据图像隶属显著物体的程度值,可以得到该图像的显著图。

用于显著性检测的训练图像大小为 $I\in R^{H\times W\times D}$,其显著性图为 $I_S\in R^{H\times W}$。为了预测图像中每个像素的显著度,本书从训练图像中选取图像块作为深度神经网络的输入,图像块的大小为 $m\times n$,标签值根据图像块的中心像素点对应于显著图的值来确定,0 表示背景类,1 表示前景显著区域类。根据以上训练数据的选择与定义过程,从原始训练图像中随机选择足够多的训练图像块样本。另外,需要对训练数据初始化,主要针对需要训练的数据进行尺寸变换、类型变换、归一化处理等。本书采用的归一化运算定义为

$$I'_p = \frac{I_p - \mathrm{mean}(I_{p\_database})}{\max(I_{p\_database}) - \min(I_{p\_database})} \tag{3.11}$$

式中:$I_{p\_database}$ 为整个图像块数据库;$\mathrm{mean}(g)$ 为均值运算;$\max(g)$ 为获取图像块数据库中最大的像素值;$\min(g)$ 为获取图像块数据库中最小的像素值。

根据深度卷积神经网络的基础理论,本书构建了如图 3.4 所示的深度卷积神经网络,该网络结构为

$$\mathrm{I}[28\times28\times3]-\mathrm{C}[24\times24\times20]-\mathrm{P}[12\times12\times20]-\mathrm{C}[8\times8\times50]-\mathrm{P}[4\times4\times50]-$$
$$\mathrm{FC}[500]-\mathrm{O}[1]$$

其中,一共含有 3 个卷积层和两个池化层,其中池化层采用 Max 池化函数;网络的输入为 28×28 的图像块,输出为分类的结果;最后一层的全连接层特征维数为 500 维。最后一层采用 softmax 函数利用构建的图像块数据库,对构建的网络进行反向传播训练,得到训练好的网络参数 W 和 b。

全连接网络的输出为 I_i^{L-1},其输出个数为 c 个,即输出为 $I_1^{L-1},\cdots,I_c^{L-1}$。所以对每个样本,它属于类别 i 的概率为

$$p_i = \frac{\exp(I_i^{L-1})}{\sum_{j=1}^{c}\exp(I_j^{L-1})}, i=1,2,\cdots,c \tag{3.12}$$

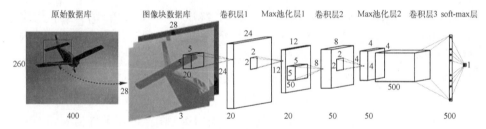

图 3.4　显著性检测深度卷积神经网络结构

误差定义为

$$\text{Loss} = -\log(p_i) = \log\Big(\sum_{j=1}^{c}\exp(I_j^{L-1})\Big) - I_i^{L-1} \tag{3.13}$$

利用训练好的网络对原始尺寸的数据图像进行整幅图的显著性检测,在待检测图中采用滑动窗口的方法,抽取图像块对每一像素进行显著性检测,令 soft-max 层的输出概率值作为该像素的显著性值。

 3.4.2　基于卷积神经网络的显著性检测算法设计

综上,根据深度卷积神经网络,提出本节的显著性检测算法,如算法 3.2 所示。

算法 3.2: 基于深度卷积神经网络的显著性检测算法

输入: 原始尺寸图像库 $I \in R^{H \times W \times D}$ 与 label 数据库 $I_S \in R^{H \times W}$,测试图像 $I_{\text{test}} \in R^{H \times W \times D}$,图像块尺寸 $m \times n$,图像块数据库大小 N,深度卷积神经网络结构(CNN 模型的层数 L 和所有隐藏层的类型,卷积核的大小 K,卷积核子矩阵的维度 F,填充大小 P,步幅 S,池化区域大小 K 和池化标准,对于全连接层,要定义全连接层的激活函数和各层的神经元个数),训练误差 ε,最大迭代步数 T_{max};

输出: 深度卷积神经网络与显著性图;

算法流程:

(1) 训练数据库准备

　　Step 1.1　从原始尺寸图像库 $I \in R^{H \times W \times D}$ 随机抽取 N 个尺寸为 $m \times n \times D$ 的图像块数据;

　　Step 1.2　根据 $m \times n$ 的图像块中心像素的坐标对应于 label 数据库 $I_S \in R^{H \times W}$ 定义 label 的值;

　　Step 1.3　根据式(3.11),数据库归一化处理。

(2) 深度卷积神经网络训练

　　Step 2.1　初始化所有隐藏层的参数 W, b;

While $\varepsilon_{\text{train}} \leqslant \varepsilon$ **or** $T_{\text{train}} \leqslant T_{\max}$

Step 2.2　针对图像块数据 $I_n^1, n = 1, 2, \cdots, N$ 进行前向传播运算

　　for $l = 2$ **to** $L-1$：

　　　　① 如果第 l 层是卷积层，则输出为 $I^l = \sigma(z^l) = \text{Relu}(I^{l-1} * W^l + b^l)$；

　　　　② 如果第 l 层是池化层，则输出为 $I^l = \text{pool}(I^{l-1})$；

　　　　③ 如果第 l 层是全连接层，则输出为 $I^l = \sigma(z^l) = \sigma(I^{l-1} * W^l + b^l)$；

　　end for

　　　　④ 对于输出层第 L 层：$I^l = \text{softmax}(I^{l-1})$；

　　　　⑤ 根据式(3.13)，计算损失函数 $\varepsilon_{\text{train}}$；

Step 2.3　针对图像块数据 $I_n^1, n = 1, 2, \cdots, N$ 进行反向传播运算

　　　　① 根据误差计算输出层第 L 层的梯度误差项 δ^l；

　　for $l = L-1$ **to** 2：

　　　　② 如果第 l 层是全连接层，$\delta^{i,l} = (W^{l+1})^T \delta^{i,l+1} e \sigma'(z^{i,l})$；

　　　　③ 如果第 l 层是卷积层，$\delta^{i,l} = \delta^{i,l+1} * \text{rot180}(W^{l+1}) e \sigma'(z^{i,l})$；

　　　　④ 如果第 l 层是池化层，$\delta^{i,l} = \text{unsample}(\delta^{i,l+1}) e\sigma'(z^{i,l})$；

　　end for

Step2.4　更新权重；

　　for $l = 2$ **to** L：

　　　　① 如果第 l 层是全连接层，更新 $W^l = W^l - \alpha \sum_{i=1}^{m} \delta^{i,l}(I^{i,l-1})^T$, $b^l =$ $b^l - \alpha \sum_{i=1}^{m} \delta^{i,l}$；

　　　　② 如果第 l 层是卷积层，更新 $W^l = W^l - \alpha \sum_{i=1}^{m} \delta^{i,l} * \text{rot180}(I^{i,l-1})$, $b^l = b^l - \alpha \sum_{i=1}^{m} \sum_{u,v} (\delta^{i,l})_{u,v}$；

　　end for

Step2.5　$T_{\text{train}} = T_{\text{train}} + 1$，返回至 **Step2.2**；

end While

Step2.6　输出深度卷积神经网络；

（3）深度卷积神经网络应用

Step3.1　利用填充矩阵填充测试图像，填充大小为 P；

> **Step3.2** 选取大小为 $m \times n \times D$ 的图像块输入到训练好的深度卷积神经网络;
> **Step3.3** 令深度卷积神经网络的第 L 层的输出 I^L 为 $m \times n \times D$ 的图像块中心像素的显著值;
> **Step3.4** 令步幅 $S = 1$,采用滑动窗依次获取显著性值,输出整幅图的显著性图。

算法 3.2 结合深度卷积网络,实现了对于显著物体的抽象表达方式,取代了传统算法中对于人工特征的定义方式,利用分类的思想较好地定义了显著性检测问题,用滑动窗口实现了对于显著性区域的检测。

3.5 空中目标显著性检测方法实验验证

针对本书 3.3 节和 3.4 节提出的两种显著性检测算法,本节采用通用数据集和外场采集的数据集,开展算法验证实验。基于频域信息的显著性检测算法基于 Matlab 环境实现;对于基于深度学习的显著性检测算法,目前用于深度学习的基础架构有很多,为了代码的可读性,本书采用 MatConvNet Deep Learning Toolbox[147] 开展实验,该工具箱基于 Matlab 环境,专门用于卷积神经网络的训练与测试,代码函数相对于其他基础架构可读性高。本章采用的实验环境平台为运行速度为 3.3GHz 的 CPU,16GB 内存的 Windows 工作站。

▶ 3.5.1 通用数据集算法测试实验

为了对于提出的算法进行比较,本书采用显著性领域公开的通用数据库进行算法比较。本书选取目前显著性检测领域公开使用较多数据库 ECSSD 及 MSRA10K 数据库作为研究对象,两个数据库都公开了其真实检测值与原始数据。其中,MSRA10K 是目前为止发布的最大的显著性图库,包含 10000 张图源;ECSSD 是语义丰富但结构复杂的数据库,包含 1000 张图源。

1. 算法评价指标

本书采用本领域常用的 PR(precision-recall)曲线作为评价显著性检测的指标。将得到的显著性图,归一化到 [0,1] 内,根据设定不同的阈值,得到二值化图像。例如,如果可能值低于或者等于 0.8 这个阈值就将其认为是正类,而其他的值被认为是负类。利用得到的二值化图像与真值图进行比较,用来评估显著性算法的优劣。

二值化后的图像对应于一个二分问题。对一个二分问题,会出现四种情况。

如果一个实例是正类并且也被预测成正类,即为真正类(true positive),如果实例是负类被预测成正类,称为假正类(false positive)。相应地,如果实例是负类被预测成负类,称为真负类(true positive),正类被预测成负类则为假负类(false negative)。

列联表如表 3.1 所示,1 代表正类,0 代表负类。

表 3.1　二分问题列联表

二值化后的图像类别		预　　测		合　　计
		1	0	
实际	1	true positive(TP)	false negative(FN)	actual positive (TP+FN)
	0	false positive (FP)	true negative (TN)	actual negative (FP+TN)
合计		predicted positive (TP+FP)	predicted negative (FN+TN)	TP+FP+FN+TN

从列联表引入准确率(precision)与召回率(recall)指标。准确率表示分类器所识别出的正确的正实例占所有实际正实例的比例;召回率表示分类器所识别出的正确的正实例占所有预测为正实例的比例。其定义为

(1) 准确率:$Pr = \dfrac{TP}{TP+FN}$

(2) 召回率:$Re = \dfrac{TP}{TP+FP}$

另外,对应于计算出的准确率 Pr 与召回率 Re,显著性检测领域的另一通用评价指标为 F 指标,其定义为

$$F_{\beta} = \frac{(1+\beta^2)\,Pr \times Re}{\beta^2 \times Pr + Re} \tag{3.14}$$

式中:β 值为参数设定值,一般 $\beta^2 = 0.3$。在给定不同阈值的情况下,可以得到与之相关的 F_{β} 值;也可以针对所有的 F_{β} 值,得到其平均值 $\overline{F_{\beta}}$ 作为评价指标。为了与通用显著性检测算法比较,本书选取 $\overline{F_{\beta}}$ 作为评价指标。

2. 实验结果分析

针对两个公开数据库,本书利用基于频域信息(SF 算法)和深度卷积神经网络算法(CNN 算法),得到显著性图,获取 Re-Pre 指标曲线,并计算得到 $\overline{F_{\beta}}$ 值。其中,CNN 算法的训练误差曲线如图 3.5 所示,算法总共训练 1000 步,训练收敛误差为 0.001。

与其他算法(SeR[131]、SIM[132]、SR[133]、SS_LAB[134]、SS_RGB[134])进行对比,

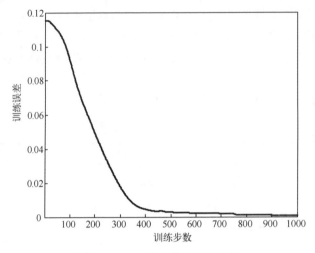

图 3.5　CNN 算法训练误差曲线

其 Re-Pre 指标对比曲线与 $\overline{F}_\beta$ 值分别如图 3.6、图 3.7 所示。从 Re-Pre 指标对比曲线上看,本书深度 CNN 网络算法优于 SeR、SIM、SR、SS_LAB、SS_RGB、SF 算法,正确率(Pr)较其他方法都有了很大程度的提高,尤其当阈值小于 0.4 时,正确率比其他算法平均高出约 20%,而 SF 算法性能略差,在阈值 0.1 时正确率比 SeR、SIM、SR 算法平均高出约 10%。综合对比两个数据库,CNN 算法的 $\overline{F}_\beta$ 指标比 SeR、SIM、SR、SS_LAB、SS_RGB、SF 算法平均高出 14.3%。

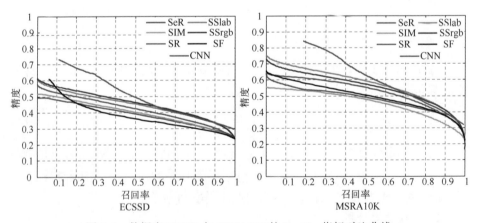

图 3.6　数据库 ECSSD 与 MSRA10K 的 Re-Pre 指标对比曲线

　　算法的平均运行时间如表 3.2 所示,尽管 SF 算法指标低于其他算法,但在同样计算条件下,其运算时间是最快的,比其他算法平均快 9.5 倍,而 CNN 算法由于需要多步卷积运算,其算法平均运行时间为 24.529s,未采用 GPU 加速的情况下相比于其他算法运行时间略长。

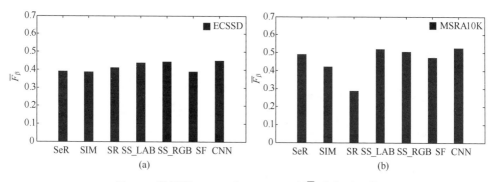

图 3.7　数据库 ECSSD 和 MSRA10K 的 $\overline{F_\beta}$ 指标对比值

表 3.2　算法平均运行时间

算 法 名 称	SeR	SIM	SR	SS_LAB	SS_RGB	SF	CNN
算法平均运行时间/s	1.222	2.358	0.161	0.109	0.343	0.088	24.529

本章算法与比较算法在上述视频序列中前景检测结果示例如图 3.8 所示,与其他算法相比,图中可见本章 CNN 算法前景目标分割结果区域更加完整,同时含有更少的背景噪声,保留了更多的图像细节。

3.5.2　飞行数据集算法测试实验

为了验证本章提出的显著性频域提取算法,并贴合无人机规避的实际应用,本书选取外场拍摄数据来验证算法的有效性。外场实验数据主要涵盖了地基相机采集的不同背景下(空中、复杂背景、地面等)固定翼无人机飞行图像。

1. 基于频域信息的显著性检测方法实验验证

1) 算法参数选择

如图 3.9 所示,数据库中原始的输入图像大小为 640×480,数据库中包含了不同位置的无人机图像,以表征算法的通用性。为了选择合适的尺寸尺度因子,本书选择的 γ 范围是 $\gamma \in (0,3)$,将取值区间离散化,离散步长为 $\Delta\gamma = 0.1$。针对实验数据库,利用 3.3.2 节提出的算法,得到显著性图,然后统计计算其熵值变化,及不同尺寸下由原图得到显著性图的算法运行时间。另外,为了便于展示熵值的变化趋势,本书计算了熵值变化量 $\Delta Re = Re_{k+1} - Re_k, k = 1, 2, \cdots, Num-1$。

为了便于展示文中所选参数的意义,本书在数据库中选取了三张不同位置的图片,获取其在不同 γ 条件下的参数变化趋势。由图中三个参数变化趋势,可以定性得到以下结论:算法运行时间随着尺寸尺度因子的增大而增长,熵值随着尺寸尺度因子的增大而逐渐出现收敛的趋势。故针对本书所选择的数据库,当 $\gamma > 3$ 的情况,不纳入实验范围。

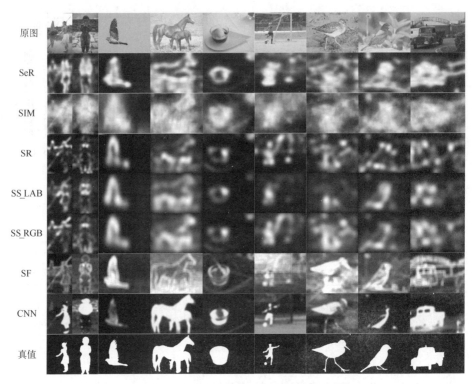

图 3.8　数据库中不同算法的显著图对比结果

　　为了选择适合数据库的最优尺寸尺度因子,本书在数据库中随机选择 50 张图片,分别计算其在不同尺寸尺度因子下的算法运行时间及熵值,并统计计算其均值,得到最优的尺寸尺度因子为 $\gamma = 0.1$。另外,在此算法过程中所采用的高斯方差参数为 $\sigma = 0.045$。

　　同样地,为了选择适合数据库的最优高斯方差参数,本书选择的 σ 范围是 $\sigma \in (0, 0.06]$,将取值区间离散化,离散步长为 $\Delta\sigma = 0.002$。本书在数据库中选取了三张不同位置的图片,获取其在不同 σ 条件下的熵值变化趋势。由图中熵值参数变化趋势,可以定性得到以下结论:熵值随着高斯方差参数的增大而增大并逐渐出现收敛的趋势。另外,图 3.10 中展示了当 $\sigma = 0.01, 0.02, 0.03, 0.04, 0.05, 0.06$ 时,三个位置的显著性检测结果图,由显著图结果可以看出 $\sigma = 0.06$ 的结果劣于 $\sigma < 0.06$ 的结果。故,针对本书所选择的数据库,$\sigma > 0.06$ 的情况,不纳入实验范围。

　　本书在数据库中随机选择 50 张图片,分别计算其在不同高斯方差参数下的熵值及其变化量,并统计计算其均值,得到最优的高斯方差参数为 $\sigma = 0.004$。另外,在此算法过程中所采用的尺寸尺度因子为 $\gamma = 0.1$。

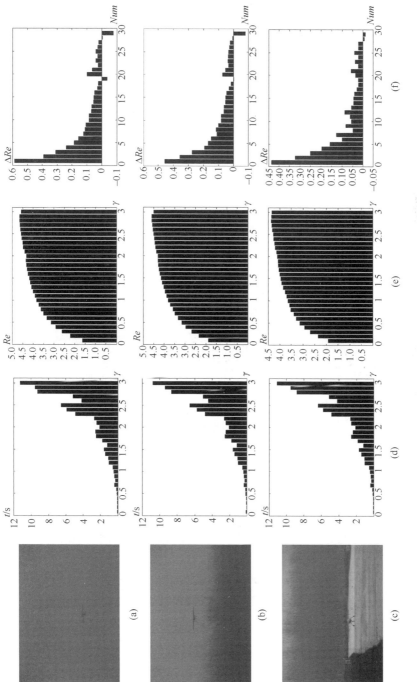

图 3.9　不同 γ 下的算法运行时间及 Renyi 熵值 Re、熵值变化量 ΔRe

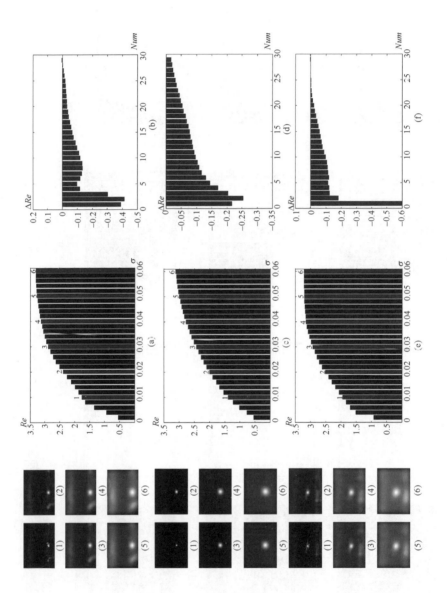

图 3.10 不同 σ 下的显著图及 Renyi 熵值 Re

2）实验结果分析

本书利用 3.3.2 节提出的算法以及获取的最优实验参数,针对试验外场采集的数据,得到图 3.11 中所示的显著性图结果,由地面的显著性检测结果可以看出,该算法也可以检测出其他显著性物体,并不只针对单一目标的显著性检测。但是,算法存在的弊端是忽略了形状特征,在规避应用中只能为机载视觉提供视野中的障碍物图像位置,难以估算其尺寸变化程度。

图 3.11　频域算法显著性检测结果

2. 基于深度学习的显著性检测方法实验验证

利用采集的同一批外场数据库,进行显著性检测,检测结果如图 3.12 所示。算法中采用的网络结构如算法 3.2 所示,网络中的参数采用 3.5.1 节中通用数据集训练的网络参数,外场试验数据只作为测试使用数据。

从图中可以看出,相比于频域显著性检测结果(图 3.11),基于深度卷积神经网络的显著性检测适用于本书所采集的外场数据,能够将无人机从背景环境中分割出来,而且能够很好地保留无人机本身的外形细节特征,无论是对于不同的背景环境还是不同的观测距离,算法没有外界环境依赖性。

图 3.12　实际飞行数据显著性检测结果

3.6 本章小结

　　本章针对第 2 章中空中目标检测的特征表征定义,结合显著性检测领域的方法,提出了两种目标的显著性区域提取算法:①从频域角度出发,分析显著目标与背景图像存在的不同频域值,提出了结合离散余弦方法的显著性检测方法,并提供了算法参数选择依据;②利用深度卷积神经单元搭建了端对端的显著性检测网络,结合显著性检测的特点,将显著性检测问题定义为两类分类问题,通过对输入、输出数据的设计,构建了以图像块作为输入单元的多层卷积神经网络,利用滑动窗口的方法实现了对于整幅图像的显著性检测。利用通用数据集与实验数据对网络结构进行测试,验证了两种算法的有效性:频域算法具有较快的算法运行速率;而深度显著性检测网络则避免了人为特征设计的缺点,并能较好地保留显著物体的形状特征。在本书第 5 章将利用显著性检测作为感知状态表征,开展对于空中环境的规避决策控制等相关研究。

第4章　基于自动编码理论的近地障碍环境表征方法

4.1　引　言

针对第 2 章对于复杂近地环境的定义,并不能利用简单的目标检测方法实现对于环境表征,而高维的图像输入又不能作为环境状态量的直接描述。高维数据比低维数据拥有更多的信息量,但在实际应用中对高维数据进行直接操作会导致一系列问题,高维数据不仅会加大计算的复杂程度,而且其中的冗余信息也会带来相应的误差,对于学习问题,高位数据和冗余信息会降低学习速率。故需要从高维数据中提取一些能够表征近地环境信息的关键直接特征信息,实现由高维数据到低维数据的降维,降低对环境表征的维数表征能力,但又不失其表征能力。本章主要结合深度学习领域中的编码与反编码的结构,探索一种适合复杂环境的表征方法:一是利用这种结构探索高维图像数据的降维与重构过程;二是结合此结构,利用转置卷积的概念,提出利用单目视觉图像实现深度距离估计的网络结构,获取用于描述复杂环境的直接物理特征信息。

4.2　基于深度编码–反编码结构的环境重构算法

 ### 4.2.1　编码与反编码结构

1. 自动编码器简介

自动编码器(autoencoder)是一种无监督的学习算法,是一个三层的基本网络结构,针对网络输入,自动编码器的目的是获得一个恒等的 $f_{w,b}(x)$ 函数,使得函数的输出接近于输入,如图 4.1 所示。

假设对于一个样本个数为 n 的样本集 $\{(x_1,y_1),(x_2,y_2),\cdots,(x_n,y_n)\}$,对于单个样例 (x,y),其代价函数为 $J(W,b,x,y)=\dfrac{1}{2}\parallel f_{W,b}(x)-y\parallel^2$。那么对于样本集整体的代价函数为

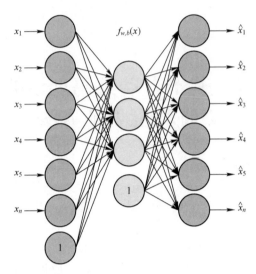

图 4.1　自动编码器网络结构示意图

$$J(W,b) = \frac{1}{n}\sum_{i=1}^{n}J(W,b,x,y) + \frac{\lambda}{2}\sum_{l=1}^{m}\sum_{i=1}^{s_l}\sum_{j=1}^{s_l+1}(W_{ij}^{(l)})^2 \qquad (4.1)$$

式中:第一项为均方差项,第二项为正则化项,是为了防止算法的过拟合,λ 主要用于均衡前后两项误差的相对比例。

获得自动编码器的重构误差后,反向传播算法的目的是利用代价误差函数 $J(W,b)$ 更新网络权重 W 和偏置 b。首先需要将每一个参数 $W_{ij}^{(l)}$ 和 $b_i^{(l)}$ 初始化为一个很小的接近于 0 的随机值,然后利用梯度下降法的迭代更新权重,其中 α 为学习效率。

$$W_{ij}^{(l)} = W_{ij}^{(l)} - \alpha \frac{\partial}{\partial W_{ij}^{(l)}}J(W,b) \qquad (4.2)$$

$$b_i^{(l)} = b_i^{(l)} - \alpha \frac{\partial}{\partial b_i^{(l)}}J(W,b) \qquad (4.3)$$

根据自动编码器的基本概念,本书利用自动编码器来构建深度自编码网络。

2. 转置卷积

通常 CNN 包含许多卷积层,紧随其后的是用于减少输入维度的池化层,根据一般深度卷积网络的描述,通过层层卷积与降采样过程实现了对高维向量的低维特征提取。然而,在一些结构化深度学习问题(如深度估计、语义分割等)中,最后结果往往要保留空间信息,实现低维向量到高维向量的重构,当输入向量维度低于输出向量维度时,神经网络就相当于一个反编码器。对于卷积网络,需要考虑如何实现卷积网络的反向操作。根据卷积运算的定义,若只考虑一个维度的运算,卷积层的输入为 $I \in R^{H \times W}$,滤波器卷积核定义为 $k \in R^{H' \times W'}$,输出为

$y \in R^{H'' \times W''}$。经过卷积运算算子后的输出为

$$y_{i''j''} = \sum_{i'=1}^{H'} \sum_{j'=1}^{W'} k_{i'j'} \times I_{i''+i'-1, j''+j'-1} \qquad (4.8)$$

令输入为 $I \in R^{HW \times 1}$，则卷积后输出 $y \in R^{H''W'' \times 1}$ 为

$$y^{H''W'' \times 1} = C^{H''W'' \times HW} I^{HW \times 1} \qquad (4.9)$$

式中：$C^{H''W'' \times HW}$ 为一稀疏矩阵。例如，$I \in R^{4 \times 4}$，卷积核为 $k \in R^{3 \times 3}$，则

$$y^{4 \times 1} = C^{4 \times 16} I^{16 \times 1} \qquad (4.10)$$

式中：

$$C^{4 \times 16} =$$

$$\begin{bmatrix} k_{0,0} & k_{0,1} & k_{0,2} & 0 & k_{1,0} & k_{1,1} & k_{1,2} & 0 & k_{2,0} & k_{2,1} & k_{2,2} & 0 & 0 & 0 & 0 & 0 \\ 0 & k_{0,0} & k_{0,1} & k_{0,2} & 0 & k_{1,0} & k_{1,1} & k_{1,2} & 0 & k_{2,0} & k_{2,1} & k_{2,2} & 0 & 0 & 0 & 0 \\ 0 & 0 & 0 & 0 & k_{0,0} & k_{0,1} & k_{0,2} & 0 & k_{1,0} & k_{1,1} & k_{1,2} & 0 & k_{2,0} & k_{2,1} & k_{2,2} & 0 \\ 0 & 0 & 0 & 0 & 0 & k_{0,0} & k_{0,1} & k_{0,2} & 0 & k_{1,0} & k_{1,1} & k_{1,2} & 0 & k_{2,0} & k_{2,1} & k_{2,2} \end{bmatrix}$$

卷积网络的反向传播运算定义为

$$\frac{\partial Loss}{\partial I_i} = \sum_i \frac{\partial Loss}{\partial y_i} \frac{\partial y_i}{\partial I_j} = \sum_i \frac{\partial Loss}{\partial y_i} C_{i,j} = \frac{\partial Loss}{\partial y} \text{g} \ C_{*,j} = C_{*,j}^{\mathrm{T}} \frac{\partial Loss}{\partial y} \qquad (4.11)$$

反卷积正向时左乘 C^{T}，而反向时左乘 C。根据数学描述，反卷积比较容易引起误解，转置卷积（transposed convolution）是一个更为合适的叫法。转置卷积一般流程为：首先对输入进行反池化，然后应用卷积运算。反池化通过跟踪激活值的位置信息，对其输入进行一次扩充，通常全部为 0，从而得到一个稀疏的图片，再进行卷积运算，如图 4.2 所示。

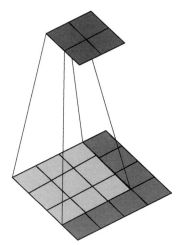
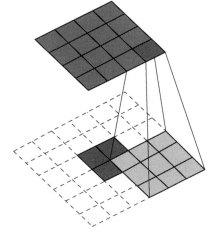

(a) 卷积过程　　　　　　　　　　　(b) 转置卷积过程

图 4.2　卷积和转置卷积示意图

▶▶ 4.2.2 深度编码–反编码网络算法设计

根据自动编码器的基本概念,可以利用自动编码器来构建深度编码网络,普通的自动编码器的本质是学习一个相等函数,即输入和重构后的输出相等,这种相等函数的表示有个缺点,就是当测试样本和训练样本不符合同一分布,即相差较大时,效果不好,深度编码器(deep autoencoder,DAE)在这方面的处理有所进步。

深度编码器算法流程主要包含两部分:逐层的单隐层贪婪训练与整个网络优化训练。逐层的单隐层贪婪训练,也称 Pre_training 阶段,主要采用传统的 autoencoder 训练方法,采用逐层贪婪算法的主要思路是每次只训练网络中的一层,即首先训练一个只含一个隐藏层的网络,仅当这层网络训练结束之后才开始训练一个有两个隐藏层的网络,以此类推。在每一步中,把已经训练好的前 $l-1$ 层固定,然后增加第 l 层(也就是将已经训练好的前 $l-1$ 的输出作为输入)。网络结构的设计是该训练过程的关键,该训练过程主要实现 DAE 网络结构的初始化;网络的优化训练过程,又称为 Finetuning 过程,主要对一个完整的网络结构进行优化,其训练过程可以是无监督过程,也可以是有监督过程。

综上,该网络结构训练算法主要包含三个主要步骤:网络初始化(包括网络结构参数的初始化及输入训练数据集的预处理)、深度网络结构的预训练、深度网络结构的优化训练。利用自动编码器构建的深度网络如图 4.3 所示,为一个多层的神经网络结构,一般为奇数层结构,网络结构一共 $2L-1$ 层,网络为对称的结构,分别称为第 i 层。对称层的网络节点数目相同,但是节点权值参数不一定相同。

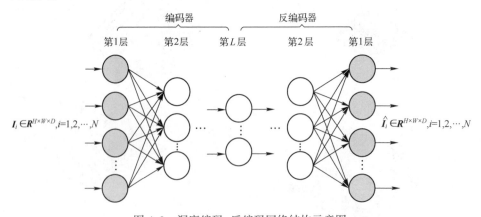

图 4.3 深度编码–反编码网络结构示意图

按照深度编码网络的主要三个步骤,得到本书的深度编码算法框架如算法 4.1 所示。

算法 4.1: 深度编码网络算法

输入: 原始尺寸图像库 $I \in R^{H \times W \times D}$, 测试图像 $I_{test} \in R^{H \times W \times D}$, 网络层数 n, 对称的网络结构 $\{n_1 \quad n_2 \quad \cdots \quad n_l \quad \cdots \quad n_2 \quad n_1\}$, 其中 $n_l, l = 1, 2, \cdots, L$ 为第 l 层的网络节点个数, 学习因子 α, 训练误差 ε, 最大迭代步数 $T_{\max}$, 激活函数 $\sigma(g)$;

输出: 编码–反编码网络;

算法流程:

（1）网络初始化

Step 1.1　随机初始化各层的权重系数 W_l, b_l;

Step 1.2　数据预处理: 对输入数据 $I \in R^{H \times W \times D}$ 做归一化处理;

（2）网络预训练

Step 2.1　令第一层网络输入输出值为 $A_n^1 = I_n^1, n = 1, 2, \cdots, N$

While $l \leqslant L$

　　While $\varepsilon_{\text{train}} \leqslant \varepsilon$ **or** $T_{\text{train}} \leqslant T_{\max}$

　　　　Step 2.2　针对第 l 层网络输入值 A_n^l 进行前向传播运算: $\hat{A}_i^l = \sigma(\sigma(A_n^l * W_{\text{en}}^l + b_{\text{en}}^l) * W_{\text{den}}^l + b_{\text{den}}^l)$;

　　　　Step 2.3　计算重构误差 $\varepsilon_{\text{train}}$, 进行反向传播运算, 更新第 l 层权重 W_{en}^l、b_{en}^l、W_{den}^l、b_{den}^l;

　　End

　　Step 2.4　更新 $l = l + 1$;

　　Step 2.5　更新第 l 层网络输入输出值 $A_n^l = \sigma(A_n^{l-1} * W_{\text{en}}^{l-1} + b_{\text{en}}^{l-1})$;

End

（3）网络优化训练

　　While $\varepsilon_{\text{train}} \leqslant \varepsilon$ **or** $T_{\text{train}} \leqslant T_{\max}$

　　　　Step 3.1　针对整个预训练的网络, 给定输入值 A_n^l 进行前向传播运算得到 $\hat{A}_i^l$;

　　　　Step 3.2　计算重构误差 $\varepsilon_{\text{train}}$, 进行反向传播运算, 更新第 l 层权重 W_{en}^l、b_{en}^l、W_{den}^l、b_{den}^l;

　　End

从算法 4.1 可以看出, 基于传统的神经网络以整个图片作为输入, 每个像素点作为单一的神经元节点, 网络结构较为简单, 便于实现, 但是未考虑相邻像素

的空间关系,会忽略图像中的局部细节,4.3 节中利用卷积网络作为基本网络结构,可以利用周围多个像素的特性来表征中心像素的特性。

4.3 基于深度卷积神经网络的深度距离估计算法

本节提出一种利用编码-反编码结构的深度距离估计网络结构,区别于 4.2 节中的算法,本网络结构采取的基本网络单元为卷积神经网络单元,卷积神经元通过利用局部卷积核可以更好地利用局部信息;反编码模块主要采用转置卷积的概念。另外,区别于本书中第 3 章的显著性检测问题,深度距离估计为连续距离值的估计问题,故此问题为回归问题。本书中第 3 章提出的显著性检测方法,对于卷积窗口的选择为原始图像中的图像块,整幅显著性图采用滑动窗口对图像块卷积而成,效率较为低下。本节主要基于卷积神经网络基础理论,结合尺度概念,提出在不同尺度下用于深度距离估计的深度卷积神经网络,对于 RGB 图像的深度距离估计采用对整幅图的估计方法。

4.3.1 测距方法与尺度空间

1. 测距方法

本章采取单目相机传感器,提出一种可以表征环境信息的单目距离测量方法。单目距离估计问题中,比较关键的问题是图像局部特征的表征问题。针对局部特征问题,本章利用深度学习方法搭建了原始 RGB 图像与深度距离之间的关系,解决了传统人工设计的底层特征的二义性问题。机器视觉等领域已有许多立体视觉估计深度的方法,估计图像深度的方法从摄像头数量上可分为双目、单目测距方法。

1) 双目视差测距法[137]

双目主要采用视差的方法测距,目前部分小型无人机搭载了双目测距模块。视差测距法的基本原理是根据两个相机和物体构成的空间三角关系来进行测量,也是人可以感知深度的主要原因,需要在视图之间进行立体匹配(立体匹配是指寻找场景中的同一个点在不同图像之间的相对关系)。图 4.4 所示为简单的平视双目立体成像原理图,两摄像机的投影中心连线的为基线距离 b。两摄像机在同一时刻探测物体的同一特征点 P,分别在左侧像平面和右侧像平面上获取了点 P 的图像,p_l 和 p_r 是点 P 在左右像平面上的成像点,f 是焦距,O_r 和 O_l 是左右相机的光心。由下图可见左右两个相机的光轴是平行的。x_{p_l} 和 x_{p_r} 是两个成像点在左右两个像面上距离图像左边缘的距离。若两个相机已经校正完成即达到极线平行,两条光轴方向也平行,则视差和物体深度的关系式如下:

$$\frac{b}{Z}=\frac{(b+x_{p_r})-x_{p_l}}{Z-f} \tag{4.4}$$

则可以得到深度距离为

$$Z=\frac{b\times f}{x_{p_l}-x_{p_r}} \tag{4.5}$$

式中：$d=x_{p_l}-x_{p_r}$ 定义为视差。平行双目立体测距是简单的测距方法,双目视差测距方法还涉及许多关键的环节,如极线矫正、图像立体匹配等,本书不再赘述。

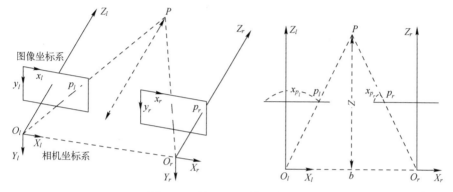

图 4.4　平视双目立体成像原理

2) 单目测距法

利用单目相机进行深度距离估计的方法主要分为基于机器学习的方法测距和基于深度线索的距离估计方法[139-144]。基于机器学习的方法主要利用统计信息来实现距离估计,主要采用有监督学习的方法,对原始图集和深度距离图集进行训练,进而对于测试图集进行应用。主流的方法主要有基于图模型的深度估计算法与基于深度信息采样的深度估计算法。基于图模型的方法局限性在于如何选取好的特征;基于信息采样的方法局限性在于测试图像对于数据集依赖性较强。基于深度线索的距离估计方法主要利用动态三维世界中运动关系和图像上的二维运动关系,通过光流约束来估计三维运动参数,从而计算深度信息。本章所采用的方法属于机器学习方法,主要利用深度卷积神经网络对于 RGB 图像进行特征描述,将提取的图像特征与基于线性回归模型的深度估计关联起来。

2. 尺度空间概念[138]

当利用视觉技术分析场景时,无法预先知道场景中的尺度相对关系,在不同尺度下场景中体现的图像特征也不一致。所以,在许多情况下需要考虑图像在多尺度下的特征描述。多尺度图像技术也称为多分辨率技术,指对图像在多尺度条件下的表达与处理,根据图像在不同尺度下的特征描述可以得到图像的尺度空间。传统多尺度方法从原始图像选取单个图像片段,主要利用图像金字塔方法把图像片段生成多个尺度图像片段,从而获得稠密的图像特征。但是图像的金字塔化缺少理论支撑,很难涵盖整个尺度空间。经过数学证明,高斯核是实现尺度变换的唯一变换核。不同高斯核组成的尺度空间是规范的和线性的,并且满足平移不变形、半群结构、非增局部极值、尺度不变性和旋转不变性等。尺度空间的一般表达方式为

$$L(x;t) = g(x;t) * f = \int_{\xi \in R^N} f(x - \xi) g(\xi) \,\mathrm{d}\xi \tag{4.6}$$

式中:$g(x;t)$为高斯核函数,式(4.7)定义了一个具有尺度变量为 t 的高斯尺度空间。高斯核函数定义为

$$g(x;t) = \frac{1}{(2\pi t)^{N/2}} e^{-x^T x/(2t)} \quad (x \in R^N) \tag{4.7}$$

一般情况下,不同尺度下图像表现的特征不一样,随着尺度增加会导致图像越来越平滑,图像细节逐渐消失。所以,一般通过分析图像在多尺度表达下的局部特征响应最大值来进行图像处理。高斯尺度空间中尺度分析包括两个阶段:首先在粗尺度上进行特征(结构)检测;然后在细尺度上进行精确定位。这样做的理由是很多情况下在一种尺度中不容易看清的或者提取的特性在另外的某种尺度下就很容易发现或者提取。

▶ 4.3.2　深度距离估计卷积神经网络算法设计

根据以上分析,本书提出了利用多尺度概念来估计单目图像的深度距离信息。根据多尺度的概念,在设计多尺度网络结构时,可以存在以下两种结构设计。

(1) 输入图像多尺度化:将输入训练图像的尺寸定义为不同的尺寸,不同的尺寸涵盖不同的特征信息,这是传统意义上的尺度空间的定义。

(2) 网络结构多尺度化:由于卷积神经网络中涵盖了不同尺寸的卷积模板,卷积神经网络的卷积层的数学定义也是卷积运算,通过设计不同尺度的卷积模板可以涵盖不同的特征信息。本书重点采用此种结构设计,网络的输入为整幅单目图像。

1. 单尺度深度距离估计卷积神经网络

本书研究将图像局部特征的提取与深度估计结合起来,首先利用卷积神经网络从大的图像窗口中进行特征的提取,然后,反向传播去调整提取的图像局部特征,使得提取的图像局部特征具有描述深度信息的能力。参照文献[139],本书设计的单尺度深度距离估计卷积神经网络结构如图4.5所示。

该网络结构包括个6个卷积模块、2个降采样模块、1个全连接模块和1个

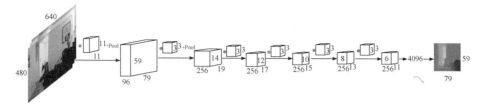

图 4.5　单尺度深度距离估计卷积神经网络结构

转置卷积模块。其中,经过不断地卷积与池化操作,输出的深度图大致为原始图像的 $\frac{1}{8}$。另外,卷积变化中,图像尺寸的变化多处采用 Stride 操作和补 0 操作。网络训练的误差定义为

$$L(y,y^*) = \frac{1}{n}\sum_i (\log y_i - \log y_i^*)^2 - \frac{\lambda}{n^2}\left(\sum_i (\log y_i - \log y_i^*)\right)^2 \quad (4.8)$$

式中:y_i 为第 i 个像素的像素值;y_i^* 为像素真值;n 为预测的所有像素数量;$\lambda \in [0,1]$。

2. 多尺度深度距离估计卷积神经网络

在单尺度深度距离估计卷积神经网络的基础上,本书构建了多尺度深度距离估计卷积神经网络,其主要结构如图 4.6 所示。该多尺度卷积神经网络由两个基本的卷积神经网络构成,多尺度卷积神经网络是将多个单一尺度跃层卷积神经网络的进行融合,但是结构略有差异。低层特征提取网络结构首先利用大尺度卷积模板提取的低层特征信息,然后利用局部精化网络结构从小尺度卷积模板捕获局部区域特征信息。通过不同尺度和个数的卷积核来卷积输入图像以得到更丰富的特征表示。

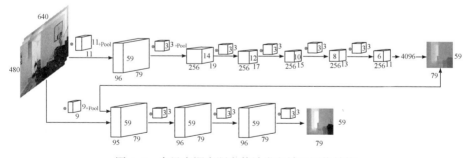

图 4.6　多尺度深度距离估计卷积神经网络结构

该网络结构在单尺度卷积神经网络的基础上搭建而成,增加了 4 个卷积模块、1 个降采样模块。第一个网络的输出结果作为一维特征与第二个网络在第一卷积层进行融合,经过多个尺度卷积神经网络的融合可以充分利用图像的潜

在信息。第一个单尺度网络和第二个局部调整网络的区别在于:卷积核的尺度大小存在区别,第一个单尺度网络的卷积核比第二个卷积网络的卷积核尺寸略大,涵盖了较大范围的信息。

根据两种网络结构的输入和输出尺寸关系,可以看出估计的深度图可以作为一种由高维信息通过降维实现的表征方式,而且深度图更能直接体现物体空间中的相对距离关系,可以作为近地环境的一种表征。

综上,根据提出的单尺度与多尺度深度卷积神经网络,提出本书的深度距离估计算法伪代码,如算法 4.2 所示。

算法 4.2:深度距离估计算法

输入:原始尺寸图像库 $I \in R^{H \times W \times 3}$ 与 label 数据库 $I_d \in R^{H \times W}$,批处理数量 N,单尺度深度卷积神经网络结构、多尺度深度卷积神经网络结构,训练误差 ε,最大迭代步数 $T_{\max}$;

输出:单尺度卷积神经网络与多尺度卷积神经网络;

算法流程:

1) 定义尺度网络切换标志 Single = True。

2) 判断训练网络

    If Single = True,进行单尺度卷积网络训练

      Step 2.1 随机初始化所有单尺度深度卷积神经网络隐藏层的参数 $W_{ss}, b_{ss}, T_{train} = 1$;

      Step 2.2 **While** $\varepsilon_{s\_train} \leqslant \varepsilon$ **or** $T_{train} \leqslant T_{\max}$

      Step 2.3 从原始尺寸图像库与 label 数据库随机抽取 N 个配对图像数据;

      Step 2.4 针对图像块数据 $I_n^1, n=1,2,\cdots,N$ 进行前向传播运算;

      Step 2.5 根据式(4.8),计算损失函数 ε_{s_train};

      Step 2.6 针对图像块数据 $I_n^1, n=1,2,\cdots,N$ 进行反向传播运算;

      Step 2.7 更新权重 W_{ss}, b_{ss};

      Step 2.8 $T_{train} = T_{train}+1$,返回至 **Step 2.2**;

      end While

      Step 2.9 保存单尺度卷积神经网络参数 W_{ss}, b_{ss},令标志位 Single = False,返回 **Step2**;

    else 进行多尺度卷积网络训练

      Step 2.10 随机初始化所有多尺度深度卷积神经网络隐藏层的参数 $W_{sm}, b_{sm}, T_{train} = 1$;

Step 2.11 导入训练好的单尺度深度卷积神经网络隐藏层的参数 W_{ss},b_{ss};

Step 2.12 **While** $\varepsilon_{m\_train} \leqslant \varepsilon$ **or** $T_{train} \leqslant T_{max}$

Step 2.13 从原始尺寸图像库与 label 数据库随机抽取 N 个配对图像数据;

Step 2.14 针对图像块数据 I_n^1,$n=1,2,\cdots,N$ 进行单尺度、多尺度网络前向传播运算;

Step 2.15 根据式(4.8),计算损失函数 ε_{m_train};

Step 2.16 针对图像块数据 I_n^1,$n=1,2,\cdots,N$ 进行反向传播运算;

Step 2.17 只更新多尺度网络权重 W_{sm},b_{sm};

Step 2.18 $T_{train} = T_{train}+1$,返回至 **Step2.12**;

end While

Step 2.19 保存多尺度卷积神经网络参数 W_{sm},b_{sm}。

3) 输出单尺度与多尺度深度卷积神经网络结构参数。

算法 4.2 主要利用训练的思路,以深度图作为重构对象来实现对于近地环境的表征,通过设计深度卷积网络和转置卷积网络,结合尺度概念,实现了不同尺度下对于深度距离的估计。

4.4 复杂近地环境表征方法实验验证

为了验证本书的编码与反编码结构,本节利用仿真和实际的森林数据对深度编码-反编码结构算法进行验证,并利用通用数据集对于深度距离估计算法进行对比验证。

▶ 4.4.1 基于深度编码-反编码结构的环境重构算法实验验证

1. 实验条件

本章为了验证编码-反编码基础网络,本书利用 ROS 环境和 Gazebo 环境搭建了一个可以采集地面数据的仿真环境。如图 4.7 所示,仿真环境主要包括以下模块:

(1)四旋翼模型:主要搭载单目视觉系统,捕获仿真环境中的图像数据;

(2)世界模型:主要仿真地面环境,提供森林环境;

(3)摇杆模块:控制四旋翼在世界模型中执行飞行动作。

另外,为了验证提出的网络结构,本书采用一批户外地面森林数据[123]验证此网络有效性。

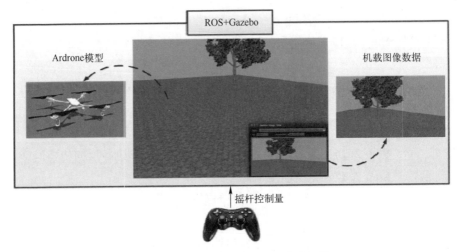

图 4.7　基于 ROS 和 Gazebo 的仿真环境

2. 实验结果

编码与反编码的网络输入仿真图像尺寸为 64×64,图像预处理部分主要采用单通道的灰度图像,并作归一化处理。deep autoencoder 网络结构设计为 4096−1024−256−64−16−64−256−1024−4096。整个网络运行处理时间为 0.442s,得到网络的预训练与优化训练曲线如图 4.8 所示,横坐标为训练步长,纵坐标为训练误差。每一层网络训练至误差收敛为止,经过调试,基本每层的最大迭代步长为 200 步,误差定义为预测像素值和真实像素值之间的均方根误差。训练采用批训练的方法,得到每次批训练的误差曲线如右侧 MiniBatch 误差,所有批训练结束时,统计得到当前步的误差,作为 FullBatch 误差。由图可以看出 MiniBatch 误差比 FullBatch 误差相对较小;随着训练层数加深,误差逐渐变大,主要是上一层的数据自身存在一定误差,并由于压缩丢失了部分原始数据信息。

对于实际环境采集的数据,编码与反编码的网络输入图像尺寸为 101×101,图像预处理部分同样采用单通道的灰度图像,并作归一化处理。deep autoencoder 网络结构设计为 10201−2400−530−2400−10201。得到网络的预训练与优化训练曲线如图 4.9 所示,由于现实场景中不同物体的像素分布较为分散,网络经过 12000 步训练后,基本收敛,收敛误差为 33.25。图 4.10 为仿真数据在不同层的重构结果,图 4.10(a)表示输入原始图像,图 4.10(b)表示预处理获得的灰度图像,即真值图像,Layer-l 表示预训练第 l 层的重构结果,All−Layer 表示优化网络的输出结果,从图中可以看出输入数据相对简单,像素分布相对集中,易于重构;

图 4.11 为真实数据利用优化网络的重构结果,输入的灰色图像较为复杂,导致重构出来的图像丢失了很多细节,只存在大致的轮廓信息。从实验结果可以看出,基于传统神经网络搭建的编码与反编码结构适用于相对简单的环境重构,降维得到的低维特征可以用来表征环境,但对于相对复杂的场景,需要结合其他降维手段实现对于复杂环境的表征。

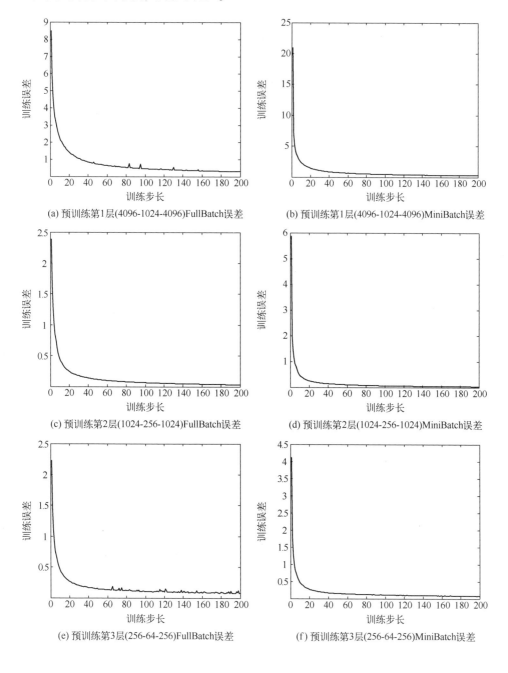

(a) 预训练第1层(4096-1024-4096)FullBatch误差

(b) 预训练第1层(4096-1024-4096)MiniBatch误差

(c) 预训练第2层(1024-256-1024)FullBatch误差

(d) 预训练第2层(1024-256-1024)MiniBatch误差

(e) 预训练第3层(256-64-256)FullBatch误差

(f) 预训练第3层(256-64-256)MiniBatch误差

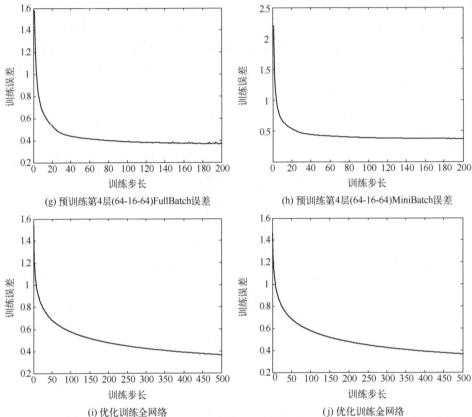

(g) 预训练第4层(64-16-64)FullBatch误差　　(h) 预训练第4层(64-16-64)MiniBatch误差

(i) 优化训练全网络　　　　　　　　　(j) 优化训练全网络
(4096-1024-256-64-16-64-256-1024-4096)FullBatch误差　(4096-1024-256-64-16-64-256-1024-4096)MiniBatch误差

图 4.8　仿真数据网络训练误差曲线

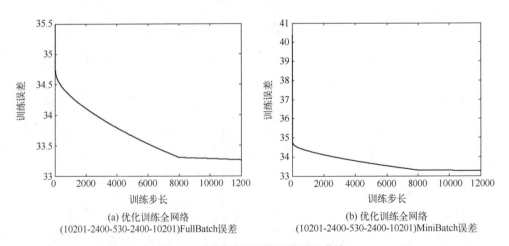

(a) 优化训练全网络　　　　　　　　(b) 优化训练全网络
(10201-2400-530-2400-10201)FullBatch误差　　(10201-2400-530-2400-10201)MiniBatch误差

图 4.9　真实数据网络训练误差曲线

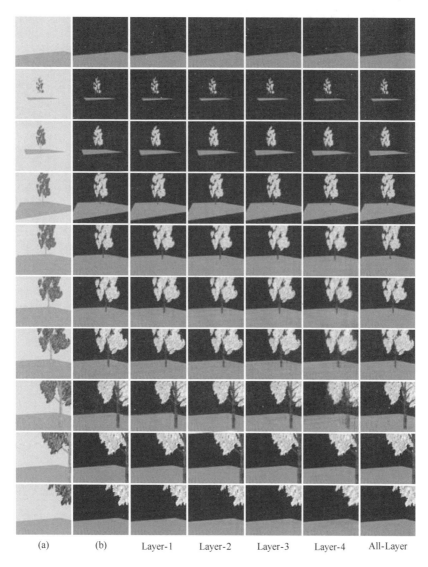

（a）　　（b）　　Layer-1　　Layer-2　　Layer-3　　Layer-4　　All-Layer

图 4.10　仿真数据重构结果

▶ 4.4.2　基于深度卷积神经网络的深度距离估计算法实验验证

1. 数据库及预处理

本章采用深度距离估计中通用数据库 NYU 数据集，数据集中含有 2284 张图像，数据库中原始数据是 640×480 的图片，深度图像也是 640×480 的图片，由于网络输出的图像是 79×59 的图片，需要对于数据库图片进行修剪。为了保证图片每个像素点和深度距离都是对应的,本书采用直接下采样的方法缩小图片尺寸来获取训练数据。

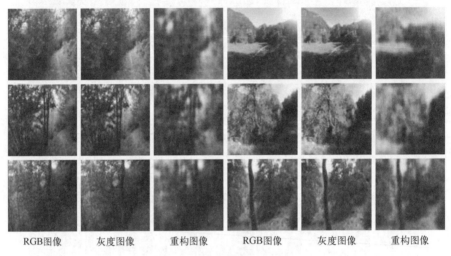

| RGB图像 | 灰度图像 | 重构图像 | RGB图像 | 灰度图像 | 重构图像 |

图 4.11　真实数据重构结果

2. 实验平台

为了便于开发,本章选择 TensorFlow 作为深度估计网络的学习训练平台。TensorFlow 用于机器学习和深度神经网络方面的研究,但这个系统的通用性使其也可广泛用于其他计算领域。TensorFlow 是一个采用数据流图,用于数值计算的开源软件库。实验验证的条件为:计算机配置为 Intel core i7 处理器,显卡为 NVDIA GeForce GTX1070。

3. 算法对比指标

为了将本书提出的网络结构与已经发表的算法进行比较,定义几个在深度距离估计领域中的常用指标如下。

(1) 平均相对误差:

$$\text{REL} = \frac{1}{\text{Num}} \sum_i \frac{|y_i^* - y_i|}{y_i^*} \tag{4.9}$$

(2) 均方根误差:

$$\text{RMS} = \sqrt{\frac{1}{\text{Num}} \sum_i (y_i^* - y_i)^2} \tag{4.10}$$

(3) 对数空间平均误差:

$$\text{Log} = \frac{1}{\text{Num}} \sum_i |\log y_i^* - \log y_i| \tag{4.11}$$

（4）某一阈值下的准确率：

满足 $\max\left(\dfrac{y_i^*}{y_i},\dfrac{y_i}{y_i^*}\right)=\delta<\text{threshold}$ 条件下的像素值占总像素数目的比例 ρ_δ。

其中，y_i^* 与 y_i 分别为像素 i 的真实深度值和预测深度值，T 为所有测试图像的像素数目总和。

4. 实验结果

本书利用 NYU 数据集分别进行两个不同尺度网络的深度距离估计，每个训练网络的训练最大步数为 300 步，每一步中有 1000 个 batch，得到以下的训练误差曲线结果。两个网络训练时，首先训练单尺度网络，并将训练好的单尺度网络结构应用于多尺度网络中，避免了所有网络结构中参数的随机初始化。训练多尺度网络时，在原来单尺度网络的基础上训练多尺度网络，多尺度网络训练过程中，原来单尺度网络结构的参数保持不变，将单尺度网络的输出作为多尺度网络的一维输入，只需要迭代更新增加的网络结构。图 4.12 显示了利用单尺度和多尺度深度卷积网络估计的部分深度图像，从结果可以看出，多尺度网络的结果更能体现深度图的一些小的细节，物体轮廓区分更为明显，而单尺度网络估计的结果图在物体轮廓区分上较为模糊。从误差曲线来看（见图 4.13），多尺度网络能够逐渐优于单尺度网络，多尺度网络收敛误差约为 2.44，单尺度网络收敛误差约为 3.49，误差收敛时下降了 43%。

图 4.12　单尺度与多尺度网络深度图估计结果

根据给出的评价指标，本书选择该领域内的算法进行比较。得到的算法指标如表 4.1 所示，其中列出的算法为文献[139]、[140]和[141]列出的算法。从算法指标可以看出，针对 NYU 数据集，本书的单尺度网络结构预测的深度图所有指标比最优的 David 算法中的单尺度网络结果（coarse 网络）平均提高了 7.1%（REL 指标提升了 7%，RMS 指标提升了 0.9%，Log 指标提升了 9%，ρ_δ 指标提升了 11.4%），本书的多尺度网络的算法所有指标比 David 算法中的多尺度网络结果(coarse+fine 网络)平均提高了 8.8%(REL 指标提升了 6%,RMS 指标提升了 6.9%,Log 指标提升了 14.7%,ρ_δ 指标提升了 7.7%)。

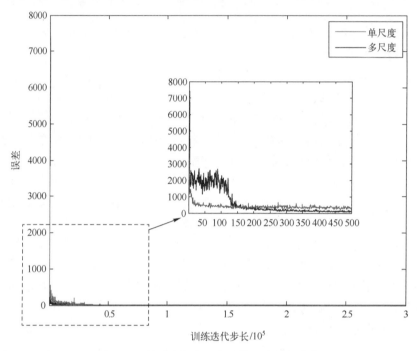

图 4.13　单尺度与多尺度网络训练误差曲线

表 4.1　NYU 数据集深度估计指标对比结果

类　型	Karsch 算法	Ladicky 算法	David 算法		本书算法		指标说明
			coarse	coarse+fine	单尺度	多尺度	
REL	0.35	—	0.228	0.215	0.212	0.202	越低越好
RMS	—	—	0.871	0.907	0.863	0.844	
Log	—	—	0.283	0.285	0.257	0.243	
ρ_δ	—	0.542	0.618	0.611	0.689	0.658	越高越好

4.5　本章小结

本章针对较为复杂的地面环境,提出利用编码-反编码结构思想来表征环境特征。首先,利用传统的编码-反编码网络提出深层自动编码网络算法,利用仿真数据和真实数据对算法进行验证,实验结果表明算法结构可以重构轮廓信息,适用于场景较为简单的环境表征。其次,为了更好利用编码-反编码结构,本章提出了基于深度卷积网络的深度距离估计算法,首先提出了单一尺度的深度距离估计卷积神经网络结构,实现初步的深度距离估计;为了对深度距离图的进一步细化(尤其是边缘部分),本章结合多尺度概念,提出了基于卷积神经网络的多尺度深度距离估计算法,对于原始图像与不同尺度的卷积神经网络卷积获得深度距离,利用通用数据库验证了算法的有效性。针对本章提出的深度距离估计算法,本书第 5 章将以此为感知基础开展森林中的规避学习研究。

第5章 基于强化学习的无人机规避决策控制

5.1 引 言

如何实现强化学习在离散、连续空间中的泛化,提高学习效率,克服计算量和存储量所带来的巨大维数灾难,是基于强化学习的无人机反应式规避所要解决的关键问题,根据第3、4章提出的各种对于空中、复杂地面环境的描述,本章主要基于单目视觉感知的状态表示和强化学习的思想,结合不同的状态与动作的描述,实现对空中目标、地面环境的规避决策控制。利用感知状态与动作的自由结合,本书主要研究利用图像数据作为状态输入无人机的动作作为输出,主要解决以下三类问题:无人机单目感知的离散状态–离散规避动作、无人机单目感知的连续状态–离散规避动作以及无人机单目感知的连续状态–连续规避动作的关系映射问题。

5.2 表格型 Q 学习规避算法

▶ 5.2.1 表格型 Q 学习原理

本书采用 Watkins 提出的 Q 学习算法来解决空中规避的离散状态离散动作问题[149]。它是一种表格型 Q 学习算法,其基本的算法流程如图 5.1 所示。由算法流程可以看出,需要结合问题设计感知状态 s、所采取的动作 a 以及接收到的回报 r,并以此来不断地更新表格型 Q 函数,最终达到一个收敛的策略。Q 学习的转换规则非常简单,定义为

$$Q_t(S_t, a_t) = Q_{t-1}(S_t, a_t) + \alpha[r(S_t, a_t) + \gamma \max_a (Q_{t-1}(S_{t+1}, a)) - Q_{t-1}(S_t, a_t)]$$

$$(5.1)$$

依据公式(5.1),矩阵 Q 中的一个元素值就等于奖励矩阵 R 中相应元素的值与学习变量 γ 乘以到达下一个状态的所有可能动作的最大奖励值的总和。其

中,α 为学习因子,$r(S_t,a_t)$ 为时刻 t 的回报,γ 为折扣因子。当给定某一个状态时,采用 ε 贪婪策略选择动作,动作选择策略为

$$a_{t+1}=\begin{cases}\arg\max_{a'}Q(S_{t+1},a') & \text{选择概率为}\ 1-\varepsilon \\ \text{随机动作} & \text{选择概率为}\ \varepsilon\end{cases} \qquad (5.2)$$

式中:ε 为动作选择随机概率因子。

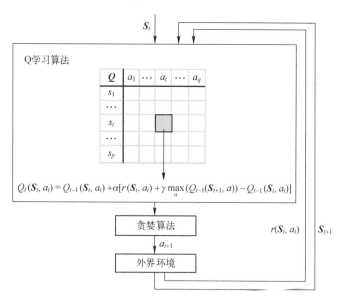

图 5.1　基本 Q 学习算法框架结构

5.2.2　表格型 Q 学习算法设计

综上,根据对基本 Q 学习算法的描述,其算法流程如算法 5.1 所示。

算法 5.1:基本 Q 学习算法

输入:学习因子 α,折扣因子 γ,回报函数 r,状态 S_t,动作 a_t,收敛次数 N,收敛阈值 δ;

输出:收敛的行为值函数估计 $Q(S,a)$;

算法流程:

Step 1　初始化 $Q(S,a)=0$,令时刻 $t=0$,设置学习因子 α,折扣因子;

Step 2　随机选取状态 S_t,根据行为最大化选择策略,决定时刻 t 的动作 a_t;

Step 3　执行动作 a_t,计算回报值 $r(S_t,a_t)$,并观测下一时刻的状态 S_{t+1};

Step 4　根据状态 S_{t+1} 和时刻 t 的 Q_t 函数,选择满足最大执行动作的 $Q(S_{t+1},a_{t+1})$ 值;

Step 5　根据式(5.2),更新 $Q^*(S_t,a_t)$,求更新误差 $e=|Q^*(S_t,a_t)-Q(S_t,a_t)|$;

Step 6　根据更新误差 e 和阈值 δ,判断是否收敛:若满足 $e<\delta$,$n=n+1$,若否,返回 Step 2;

Step 7　若满足 $n \leqslant N$,输出 $Q(S,a)$,若否,返回 **Step 2**;

　　根据算法 5.1 的描述,基本的 Q 学习的算法流程关于在算法中重点在于构建奖励矩阵 $\boldsymbol{R}$,以及状态转移矩阵。针对无人机的感知规避应用,只适用于那些已经给定规避规则的应用案例,根据查表法实现对于无人机的感知规避应用。

5.3　基于执行器–评价器的无人机空中规避算法

　　如图 5.2 所示,空中环境下,无人机需要躲避空中的各种运动障碍物(如飞机、飞鸟等)。已知物理信息为无人机搭载的图像传感器获取的图像信息和无人机自身的位姿信息。针对此问题,本节主要结合第 3 章中提出的显著性检测算法,利用执行器–评价器算法实现无人机在空中环境的规避应用。主要研究的科学问题为实现由连续图像状态提取的特征描述到无人机连续上层决策动作的映射。

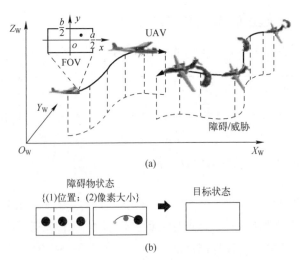

图 5.2　无人机视野中的障碍物体的状态描述

由 5.2 节的算法可以看出,表格型的 Q 算法只能满足状态空间维度较小的情况,根据 2.4.1 节描述,若将图像区域划分由 9 区域划分至更精细的情况,则会引起维数灾难,简单的划分也只能给出无人机执行动作的初步策略,控制极为不精准,降低了无人机控制的安全性,所以需要针对无人机规避问题,研究连续状态–连续动作的强化学习算法,直接给出无人机的控制策略。如何实现强化学习在连续状态–连续动作的问题中的泛化是一个关键问题。在这一领域中,一类自适应启发评价增强学习架构得到广泛应用,其中分别针对增强学习中的值函数和控制策略函数进行了估计。

在执行器–评价器(Actor-Critic,AC)算法中,评价器用于对策略进行评价,即估计与策略对应的值函数;而执行器用于根据值函数的估计后的结果优化策略。Actor-Critic 方法是用独立的存储结构来显式表示值函数无关策略的时间差分方法。Actor-Critic 方法有如下两个优势:①只需最少的计算来选择动作。考虑一个有无限多可能动作的情形(如一个连续值动作),任何只学习动作值的方法必须在这个无穷集中搜索来选择动作。如果策略是显式存储的,那么就不需大量计算来选择每个动作。②可学习一个显式的随机策略,即可学习选择不同动作的最优概率。

本书从神经网络的基础理论出发,利用这种非线性函数,分别对执行器和评价器进行拟合。针对空中环境,设计相应的评价函数和权值更新形式,得到结合图像信息的基于 AC 的强化学习结构,解决无人机感知规避的连续状态–连续动作问题。根据对于无人机规避的功能分析,本书构建了对于空中障碍的图像状态描述,利用对于环境的观测状态,构建了一个障碍状态预测模型,并分析了无人机在规避过程中的协调转弯机动动作。

基于以上分析,本书基于 RBF 神经网络,搭建了 Actor-Critic 强化学习框架,通过状态预测误差构建了评价函数,用于指导评价器和执行器的更新,完成由图像状态到规避控制单元的映射。

▶ 5.3.1　执行器–评价器框架描述

本书采用如下的 Actor-Critic 学习控制架构来试图寻找最优的规避动作期望值。在该框架中存在三个重要的模块:评价器、回报函数以及执行器。在该架构中,同时对于策略和值函数进行逼近估计。

评价器用于对值函数进行估计,根据本书对障碍连续状态的描述,本书采用 $TD(\lambda)$ 学习算法用于连续状态空间的值函数逼近。评价器的输入为状态向量和环境提供的外部评价函数结果,输出为值函数的估计量。非线性函数描述的值函数估计定义为

$$\hat{V}(s_t) = f(\boldsymbol{S}_t, \boldsymbol{W}_t) \tag{5.3}$$

式中: W_t 为非线性函数的参数向量。

执行器用于对策略进行估计,本书采用一个非线性的执行器网络对于动作策略进行逼近。执行器的输入为状态向量,输出为对于实际系统的控制量。非线性函数描述的控制量执行器定义为

$$u(t) = f(S_t, \Theta_t) \tag{5.4}$$

式中: Θ_t 为非线性函数的参数向量。

根据评价器和执行器的定义,评价器和执行器的输入都存在状态量,区别仅在于输出不同。为了降低学习系统的存储空间,避免对隐层节点输出的重复计算,提高系统的学习效率,本书利用一个执行器和评价器共享输入的 RBF 多层前向神经网络来对于学习系统的策略和值函数进行逼近。其结构描述如下:

(1) 输入层。在该神经网络中的输入节点为对于障碍环境描述的状态向量,每一个输入节点表示一个状态量 $s(t)$ 。

(2) 隐层。RBF 多层前向神经网络的隐层采用基函数将输入层映射到隐层,本书采用高斯核函数作为隐层的基函数:

$$\varphi_i(t) = \exp\left\{-\frac{[s(t) - c_i(t)]^2}{2\sigma_i^2}\right\}, i = 1, 2, \cdots, N\_g \tag{5.5}$$

式中: $\varphi_i(t)$ 为 t 时刻每个隐层节点的输出; $c_i = [c_{1i} \quad c_{2i} \quad c_{3i}]^T$ 为第 i 个节点的中心向量; σ_i 为第 i 个节点的标准化常数; N_g 为隐层神经元的数目。隐层结点的输出范围为 $[0, 1]$ 。

(3) 输出层。输出层构成了评价器和执行器。执行器的控制量 $\hat{a}(t) = [\hat{a}_1(t), \cdots, \hat{a}_{N\_a}(t)]^T$ 和评价器的值函数 $V(s_t)$ 的计算公式为

$$\hat{a}_j(t) = \sum_{n=1}^{N\_g} \omega_{jn}(t) \varphi_n(t), j = 1, 2, \cdots, N\_a \tag{5.6}$$

$$V(s_t) = \sum_{n=1}^{N\_g} v_n(t) \varphi_n(t) \tag{5.7}$$

式中: N_a 为控制量的数目; $\omega_{jn}(t)$ 为 t 时刻隐层第 n 个节点到第 j 个控制量的权值因子; $v_n(t)$ 为 t 时刻隐层第 n 个节点到值函数 $V(s_t)$ 的权值因子。

在两个状态进行转移时,评价器产生的时域误差定义为

$$\delta_t = r_t + \gamma \hat{V}(s_{t+1}) - \hat{V}(s_t) \tag{5.8}$$

式中: γ 为折扣因子; r_t 为回报函数。回报函数 $r_t(s_t, s_{t+1})$ 定义为在 t 时刻到 $t+1$ 状态由 s_t 转移到 s_{t+1} 的代价函数。

时域误差用于驱动对执行器和控制器的学习,即分别对 RBF 神经网络中的参数进行学习。在 RBF 神经网络中,评价器的值函数 $V(s_t)$ 的权值更新公式为

$$V_n(t+1) = v_n(t) + \alpha_c \delta_t \varphi_n(t) \tag{5.9}$$

式中: α_c 为评价器的学习因子。

在学习过程中,为了实现探索和利用的折中,采用高斯行为概率分布来确定实际的控制量。执行器的实际控制量受评价器的值函数的影响,实际的控制量输出由如下的高斯分布决定:

$$p\left[\hat{a}_j(t)\right] = \frac{1}{\sqrt{2\pi}\,\sigma_t} \exp\left[-\frac{\hat{a}_j(t)^2}{2\sigma_t^2}\right] \tag{5.10}$$

式中: $u_j(t)$ 为实际的输入控制量。方差 σ_t 计算公式为

$$\sigma_t = \frac{1}{1+\exp\left[2V(s_t)\right]} \tag{5.11}$$

则执行器的实际控制量 $a(t) = \left[a_1(t), \cdots, a_{N_a}(t)\right]^T$ 定义为

$$a(t) = \hat{a}(t) + p\left[\hat{a}_j(t)\right] \tag{5.12}$$

执行器网络的控制量的权值更新公式为

$$\omega_{jn}(t+1) = \omega_{jn}(t) + \alpha_a \delta_t \frac{a_j(t) - \hat{a}_j(t)}{\sigma_t} \varphi_n(t) \tag{5.13}$$

式中: α_a 为评价器的学习因子。

▶ 5.3.2　基于 AC 强化学习的无人机规避映射框架设计

图 5.3 描述了结合图像作为对丁环境描述信息的无人机规避强化学习框架。

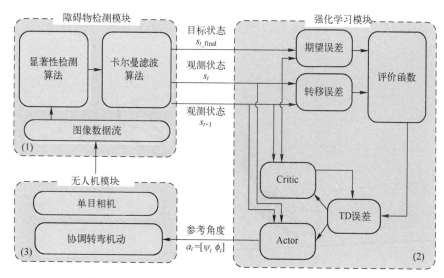

图 5.3　基于 AC 强化学习的无人机规避行为映射框架

该框架主要包括:

1. 环境描述单元

环境描述单元主要利用无人机机载的前视摄像机拍摄的环境的图像,感知无人机前方的障碍或者威胁,并利用目标检测算法提取相关的特征向量,对于无人机面对的突发障碍或威胁环境进行描述,以此作为强化学习控制单元的输入。此部分主要利用 2.4 节定义的连续状态 $S_t = \{u_t, v_t, O_t\}$ 作为环境感知状态的描述。

2. 强化学习控制单元

强化学习控制单元是该框架的核心部分,通过接收来自环境描述单元的状态描述向量,对于环境状态进行评价,并根据策略给出用于控制无人机的控制量,通过训练并不断修正控制策略,以达到最优无人机的规避目的。此部分主要利用 AC 网络结构实现状态与行为的映射。

3. 无人机模型单元

无人机模型单元接收来自控制单元给出的控制量,用以调节自身的位置与姿态控制量,进而影响固联的机载传感器单元的图像采集,完成与环境的交互目的。

根据 2.4.2 节中对于连续动作的描述,本书为了实现空中规避,本书选择两个角度(偏航角 ψ 和滚转角 ϕ)的参考值作为无人机的动作状态。本书主要针对障碍物或者威胁物体在无人机固联的机载图像传感器中的平面位置关系,所以本书主要针对无人机的横侧向控制开展相应的控制研究。选取四旋翼无人机作为研究对象,其横侧向的稳定与控制主要通过四个不同的电机转速进行调节。定高的协同转向是实现规避机动的最好策略[148]。如图 5.4 所示,无人机进行定高定速转弯时,假设俯仰角 $\theta = 0°$,无人机处于平衡状态的受力情况存在以下等价关系。

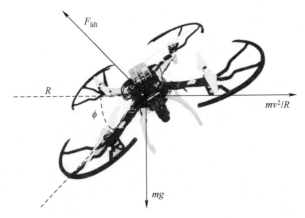

图 5.4 无人机定高定速转弯时的受力关系

在水平方向上,满足:

$$F_{\text{lift}}\sin\phi = \frac{m\boldsymbol{v}^2}{R} \tag{5.14}$$

在重力方向上,满足:

$$F_{\text{lift}}\cos\phi = mg \tag{5.15}$$

则得到

$$R = \frac{\boldsymbol{v}^2}{g\tan\phi} \tag{5.16}$$

完成一个圆周转弯时间为

$$t = \frac{2\pi R}{\boldsymbol{v}} = \frac{2\pi\boldsymbol{v}}{g\tan\phi} \tag{5.17}$$

转弯速率为

$$\dot{\varphi} = \frac{2\pi}{t} = \frac{g\tan\phi}{\boldsymbol{v}} \tag{5.18}$$

当无人机实现协调转弯时,为了保持高度和恒定的偏航角速率$\dot{\psi}$,无人机将存在俯仰角 θ 和滚转角 ϕ,无人机要实现等高度的协调转弯飞行,需要同时协调操纵四个电机转速。若给定了参考的角度 ϕ_d 和 φ_d,无人机可以实现规避动作。

另外,考虑到测量数据的误差,本书将障碍物在图像中的位置和扩张面积作为观测状态量。为了便于对于无人机的规避行为指导,本书利用 t 时刻的障碍物图像状态,用来预测第 $t+1$ 步的状态量,本书此处采用线性状态模型:

$$\begin{cases} \boldsymbol{x}_{t+1} = f_t\boldsymbol{x}_t + \boldsymbol{v}_t \\ \boldsymbol{y}_{t+1} = h_{t+1}\boldsymbol{x}_{t+1} \end{cases} \tag{5.19}$$

式中:$\boldsymbol{x} = \begin{bmatrix} \boldsymbol{u} & \boldsymbol{v} & \boldsymbol{O} & \dot{\boldsymbol{u}} & \dot{\boldsymbol{v}} & \dot{\boldsymbol{O}} \end{bmatrix}'$ 为描述障碍物在图像中的状态量;$f_t = \begin{bmatrix} \boldsymbol{I}_{3\times3} & \Delta\boldsymbol{t}_{3\times3} \\ \boldsymbol{0} & \boldsymbol{I}_{3\times3} \end{bmatrix}$;$\boldsymbol{v}_t$ 为零均值高斯噪声;$h_{t+1} = \begin{bmatrix} \boldsymbol{I}_{3\times3} & \boldsymbol{0}_{3\times3} \end{bmatrix}$。

针对对于障碍物的图像状态描述方程,利用卡尔曼滤波对于 $t+1$ 步的状态量进行预测,得到

$$\hat{\boldsymbol{x}}_{t+1} = \boldsymbol{x}_{t+1}^- + \boldsymbol{K}_{t+1}(\boldsymbol{y}_{t+1} - h_{t+1}\boldsymbol{x}_{t+1}^-) \tag{5.20}$$

式中:$\boldsymbol{K}_{t+1}$ 为卡尔曼增益矩阵,即 $\boldsymbol{K}_{t+1} = \boldsymbol{P}_{t+1}^- h_{t+1}^{\mathrm{T}}(h_{t+1}\boldsymbol{P}_{t+1}^- h_{t+1}^{\mathrm{T}} + \boldsymbol{R}_{t+1})^{-1}$,$\boldsymbol{R}_{t+1}$ 为输出方程的噪声协方差矩阵,$\boldsymbol{P}_{t+1}^- = f_t\boldsymbol{P}_t^+ f_t^{\mathrm{T}} + \boldsymbol{Q}_t$,$\boldsymbol{P}_{t+1}^+ = (1 - \boldsymbol{K}_{t+1}h_{t+1})\boldsymbol{P}_{t+1}^-$,$\boldsymbol{Q}$ 和 $\boldsymbol{R}$ 分别为状态、输出方程的噪声协方差矩阵。该预测模型对于构建本书的评价函数和基于该评价函数的增强学习控制具有重要作用。

根据 AC 架构,本书中代价函数主要用于评估障碍物在无人机视野中相对位置的变化,进而影响到对于无人机执行某种规避动作的策略评估。因此,本书

对于无人机固联机载传感器获得的图像信息进行状态信息表征,得到系统对于环境的状态评价,评价函数定义为

$$r_t(\hat{s}_t, \hat{s}_{t+1}) = \|\hat{s}_{t+1} - \hat{s}_t\|_2 + \|\hat{s}_t - s_{final}\|_2 \tag{5.21}$$

式中:第一项表示转移状态产生的代价,第二项表示由当前状态到目标状态之间的代价。

5.3.3 基于 AC 强化学习的无人机规避算法设计

综上,根据无人机规避行为映射框架的设计,得到的基于 AC 框架的无人机规避控制算法如算法 5.2 所示。

算法 5.2:基于 AC 框架的无人机规避控制算法

输入:评价器和执行器的网络权值 $v_n(0)$、$\omega_{jn}(0)$,学习因子 α_c、α_a,折扣因子 γ,中心向量 c,标准差常数 σ,初始的状态 s_0;

输出:无人机侧向转弯参考角度:$[\varphi_t \quad \phi_t]$;

算法流程:

    Step 1 初始化 Actor-Critic 学习控制网络架构参数;

    Step 2 根据式(5.19)和式(5.20)获取当前无人机获取的障碍图像预测状态 s_{t+1}^- 和测量状态向量 s_{t+1};

    Step 3 根据式(5.6)和式(5.7),计算得到评价器和执行器的输出;

    Step 4 根据式(5.21),计算回报 r_{t+1} 和时域误差 δ_t;

    Step 5 根据时域误差 δ_t,分别对于评价器和执行器的网络权值进行更新;

    Step 6 若 $\sum_{n=1}^{q} |v_n(t) - v_n(t-1)| > \tau_v$ 且 $\sum_{n=1}^{q} |\omega_{jn}(t) - \omega_{jn}(t-1)| > \tau_\omega$,令 $t \leftarrow t+1$,将执行器的输出作用于固联摄像机的无人机,转 Step 2;否则,中断算法。

根据算法 5.2,该算法实现了由无人机的连续感知状态到无人机连续动作的关系映射,连续状态主要采用显著性算法提取的狭义特征表示方式,利用 AC 结构实现了对于值函数的估计和连续动作的估计。

5.4 基于 Deep Q 学习与 3D Q 学习的无人机规避算法

对于复杂近地环境如图 5.5 所示,小型无人机需要从起始点出发,从障碍物密集区域穿过,抵达目标位置。已知物理信息为小型无人机搭载的图像传感器

获取的图像信息,无人机自身的位姿信息,起始点 S 和目标位置 E 的 GPS 地理坐标,无人机的机载深度传感器的探测探测距离为 l,障碍物的 GPS 信息未知。针对此问题,本节主要以 Q 学习算法为基础,实现无人机在树林中的穿梭规避,主要研究的科学问题实现由连续图像状态到离散上层决策动作的映射。

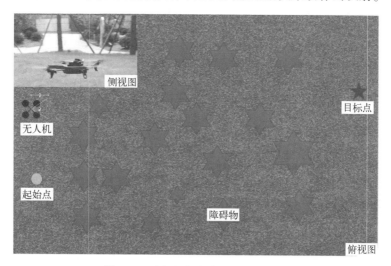

图 5.5　无人机穿梭障碍区域示意图

5.4.1　基于 Deep Q 学习规避算法设计

1. Deep Q 学习原理与问题描述

若对于近地环境,采集了大量的数据,可以利用分类的思路来实现规避问题,即通过训练一个神经网络,网络的输入是无人机采集的图像,输出结果是无人机的离散动作(例如向左、向右和直行),但此类方法需要大量的数据训练样本[122]。而基于强化学习的思路不需要千百次地指导无人机每一帧图像该选择哪一种操作动作,只需要偶尔得到一些正反馈信息,通过学习尝试实现规避过程。由于输入图像作为感知状态为高维表征,表格型 Q 难以满足应用需求,本节主要采用深度卷积网络结构实现对于 Q 值函数进行估计。

由于深度网络由多层的卷积神经网络构成,为了估计动作-值函数,卷积神经网络可以作为一个非线性逼近函数,有效解决了高维问题。本书选择尺寸为 $m \times n$ 的图像作为输入,网络的输出值为当前状态-动作的 Q 值(本书所选择的离散动作只有三类,故图中输出值为三个)。

当每次更新一个新的状态时,经过深度卷积网络后,选择所有预设离散网络中具有最大 Q 值的动作。如图 5.6 所示,筛选的最大 Q 值的动作并未执行到环境中,而是采用 a_t^*,其中 a_t^* 为采集数据 s_{t+1} 时执行的专家动作。输出层节点的激活函数采用线性函数,所以可以进行回归拟合 Q 值。

通过最小化训练序列的误差函数来进行训练,损失函数在每个训练迭代周期都会更新,误差函数定义为 $e^2 = [Q_t(s_t, a_t) - \max_a Q_{t-1}(s_t, a)]^2$。由于 Q 函数是由多层卷积神经网络进行拟合,即 $Q_t(s_t, a_t) = f(\theta)$,利用误差函数对拟合参数求偏导,进行权值更新。

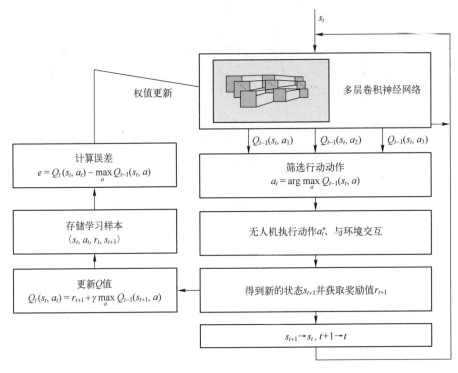

图 5.6 深度 Q 学习结构流程图

如流程图所示,本书沿用了 Deep Mind 的 DQN 模型中经验回放机制,即把每一个采样的频率中的经验 $<s_t, a_t, r_t, s_{t+1}>$ 存起来,作为一个经验,在每一个采样的频率的末尾,随机从经验集中选取出几组样本数据经验进行学习,训练使用的是来自回放存储器的随机小批量数据,而不是使用最近的数据。这样,可以降低数据之间的关联度及后续训练样本的相似性,降低网络发展为局部最小,并且可以缓解数据格式经常变化的问题。经验回放也会使训练任务更近似于通常的监督式学习,从而简化了算法的调式和测试。

2. Deep Q 学习算法设计

综上,本书构建了连续感知状态下离散规避动作的深度 Q 规避学习网络结构,其主要的算法伪代码如算法 5.3 所示。

算法 5.3：Deep Q 学习算法流程

输入：网络参数随机初始化的深度卷积神经网络 $f(s,\theta)$，存储器 Mem，迭代步数 M，折扣因子 γ；

输出：网络参数 θ_i

算法流程：

For Episode = $1,2,\cdots,M$ DO

　　Step 1　初始化感知状态 s_1，计算 Q 值 $f(s_1,\theta)$；

　For Time = $1,2,\cdots,T$ DO

　　Step 2　根据概率 ε，随机选取动作值 a_t，否则，选择动作 $a_t = \max\limits_{a} f(s_t,\theta)$；

　　Step 3　无人机执行样本库动作 a_t^*，获取当前的感知图像状态 s_{t+1}，并得到回报值 r_t；

　　Step 4　存储学习样本 $\langle s_t,a_t,r_t,s_{t+1}\rangle$ 到存储器 Mem，并令 $s_t = s_{t+1}$；

　　Step 5　从存储器 Mem 中随机选择训练样本块 $\langle s_i,a_i,r_i,s_{i+1}\rangle$，计算标签值为

$$y_i = \begin{cases} r_i & i=1/s_i=\text{终态} \\ r_i + \gamma\max\limits_{a} f(s_i,\theta_i) & s_i \neq \text{终态} \end{cases}$$

计算训练误差 $(y_i - f(s_i,\theta_i))^2$，并利用反向传播算法更新 $f(s_i,\theta_i)$ 中的参数 θ_i；

　End For

End For

算法 5.3 主要构建了无人机的连续感知状态和无人机的离散决策动作的映射关系，以无人机感知的图像作为输入，通过深度卷积神经网络降维，并拟合 Q 函数，得到最优 Q 策略值，实现了最优规避动作的选择。

5.4.2　基于 3D Q 学习规避算法设计

1. 3D Q 学习原理与问题描述

Q 学习存在过优化现象，其过优化现象是由于 Q 学习算法中 Q 值的更新和动作选择都通过 max 操作进行：根据 5.4.1 节算法中关于 Q 学习的描述，其动作的选择根据 $a_t = \max\limits_{a} f(s_t,\theta)$ 来进行选择；当采取了动作 a_t 后，获得奖励值，以及下一时刻的状态值 s_{t+1}，对 Q 值进行更新时，利用的目标 Q 值（标签值）计算为 $y_i = r_i + \gamma\max\limits_{a} f(s_i,\theta_i)$。为了解决过优化问题，本节改进深度 Q 学习框架结构，采

用双 Q 学习算法,即将动作的选择与参数更新进行分离学习。

其算法的主要流程图如图 5.7 所示,算法框架中含有两个 Q 值函数,在最开始的双 Q 学习算法中,通过随机的更新两个值函数中的一个来学习 Q 值函数,如此,就得到两个权重的集合。对于每一次更新,根据概率,其中一个 Q 值用来决定动作值,另一个用来决定其参数更新。

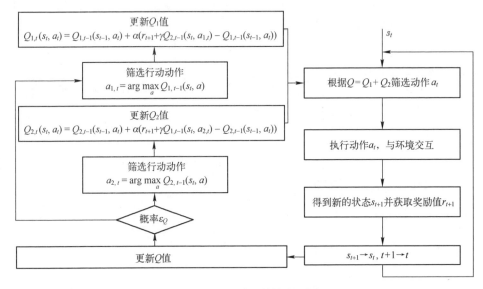

更新Q_1值
$$Q_{1,t}(s_t, a_t) = Q_{1,t-1}(s_{t-1}, a_t) + \alpha(r_{t+1} + \gamma Q_{2,t-1}(s_t, a_{1,t}) - Q_{1,t-1}(s_{t-1}, a_t))$$

筛选行动动作
$$a_{1,t} = \arg\max_a Q_{1,t-1}(s_t, a)$$

更新Q_2值
$$Q_{2,t}(s_t, a_t) = Q_{2,t-1}(s_{t-1}, a_t) + \alpha(r_{t+1} + \gamma Q_{1,t-1}(s_t, a_{2,t}) - Q_{2,t-1}(s_{t-1}, a_t))$$

筛选行动动作
$$a_{2,t} = \arg\max_a Q_{2,t-1}(s_t, a)$$

概率ε_Q

更新Q值

s_t

根据$Q = Q_1 + Q_2$筛选动作a_t

执行动作a_t,与环境交互

得到新的状态s_{t+1}并获取奖励值r_{t+1}

$s_{t+1} \rightarrow s_t,\ t+1 \rightarrow t$

图 5.7 双 Q 学习结构流程图

在许多基于视觉的感知的深度强化学习任务中,不同的状态动作对的值函数是不同的,但是在某些状态下,值函数的大小与动作无关。根据以上思想,Wang[107]等提出了一种竞争网络结构(dueling network)作为 DQN 的网络模型,如图 5.8 所示。第一个网络模型为经典的 Deep Q 网络结构,而第二个模型为竞争网络结构,将卷积层提取的抽象特征分流到两个支路中。其中上路代表状态值函数 $v(s)$,表示静态的状态环境本身具有的价值;下路代表依赖状态的动作优势函数 $A(a)$,表示选择某个动作额外带来的价值,最后这两路再聚合再一起得到每个动作的 Q 值。

2. 3D Q 学习算法设计

根据本节对于利用双 Q 学习算法和竞争网络架构的描述,以原始的 RGB 图像作为原始的输入,结合深度图像,以此作为本节算法的最终输入状态;无人机的动作空间主要以离散数据为主,结合本节研究的问题,无人机在保持恒定高度的情况下,无人机的离散动作空间设计为定高平面内的运动,以 x、y 平面内的不同速度值作为无人机的离散运动空间,即

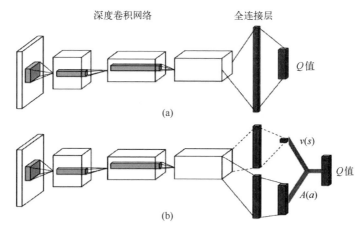

深度卷积网络　　　　　全连接层

Q值

(a)

$v(s)$

Q值

$A(a)$

(b)

图 5.8　Deep Q 与基于竞争网络的 Deep Q 学习结构示意图

$$V_x = \begin{bmatrix} v_{1,x} & \cdots & v_{m,x} \end{bmatrix} \text{以及} \; V_y = \begin{bmatrix} v_{1,y} & \cdots & v_{n,y} \end{bmatrix} \tag{5.22}$$

深度图像作为输入,根据深度卷积网络,构建基于竞争网络架构的 Deep Double Q 的估计网络结构,其结构设计如表 5.1 所示。表中主要存在两个全连接层,其中一个为了实现对状态价值函数的估计,另外一个为了实现对于动作优势函数的估计。状态价值函数表示为 $v(s;\theta,\beta)$,动作优势函数表示为 $A(s,a;\theta,\alpha)$,Q 值为两者相加:

$$Q(s,a) = v(s;\theta,\beta) + A(s,a;\theta,\alpha) \tag{5.23}$$

式中:θ 为卷积层参数;β 和 α 为两支路全连接层参数。而在实际中,一般要将动作优势函数设置为单独动作优势函数减去某状态下所有动作优势函数的平均值,这样做可以保证该状态下各动作的优势函数相对排序不变,而且可以缩小 Q 值的范围,去除多余的自由度,提高算法稳定性,即

$$Q(s,a) = v(s;\theta,\beta) + \left(A(s,a;\theta,\alpha) - \frac{1}{|A|}\sum_{a'} A(s,a';\theta,\alpha) \right) \tag{5.24}$$

表 5.1　Deep Double Q 网络结构参数

卷积网络层	卷积层尺寸/神经元数量	Stride 数目
输入层	[160 128 1]	—
卷积层 1	[10 14 32]	8
卷积层 2	[4 4 64]	2
卷积层 3	[3 3 64]	1
动作优势函数全连接层	512	—
状态值函数全连接层	512	—
X 方向动作优势函数输出层	m	—

(续)

卷积网络层	卷积层尺寸/神经元数量	Stride 数目
Y 方向动作优势函数输出层	n	—
状态值函数输出层	1	—

根据设计的网络结构以及双 Q 学习算法,本书的算法中主要包含一个目标值网络和一个参数训练网络。本书利用深度图像作为感知数据,实现无人机学习规避的算法伪代码如算法 5.4 所示。

算法 5.4: Dueling Deep Double Q 网络算法

输入:感知深度图像状态 s,目标值网络 $Q^T(s, a, \theta^T)$ 和参数训练主网络 $Q^P(s, a, \theta^P)$ 参数随机初始化,存储器 Mem,迭代步数 M,折扣因子 γ;

输出:$Q^P(s, \theta^P)$ 网络参数 θ^P;

算法流程:

For Episode $= 1, 2, \cdots, M$ DO

  Step 1 对于 $Q^P(s, a, \theta^P)$,初始化感知状态 s_1,利用竞争网络结构计算 Q 值;

  For Time $= 1, 2, \cdots, T$ DO

  Step 2 根据概率 ε,随机选取动作值 a_t,否则,根据动作全连接层的输出选择动作 $a_t = \max\limits_a Q^P(s, a, \theta^P)$;

  Step 3 无人机执行动作 a_t,获取当前的感知图像状态 s_{t+1},并得到回报值 r_t;

  Step 4 存储学习样本 $\langle s_t, a_t, r_t, s_{t+1} \rangle$ 到存储器 Mem,并令 $s_t = s_{t+1}$;

  Step 5 从存储器 Mem 中随机选择训练样本块 $\langle s_i, a_i, r_i, s_{i+1} \rangle$

    Step5.1 根据 $Q^P(s_{i+1}, a, \theta_i^P)$,计算 $\arg\max\limits_a Q^P(s_{i+1}, \theta_i^P)$,获取最大动作值 a';

    Step5.2 根据 $Q^T(s, a, \theta_i^T)$,计算 $Q^T(s_{i+1}, a', \theta_i^T)$;

    Step5.3 计算训练误差 $(r_{i+1} + \gamma Q^T(s_{i+1}, a', \theta_i^T) - Q^P(s_i, a_i, \theta_i^P))^2$,并利用反向传播算法更新 $Q^P(s, a, \theta_i^P)$ 中的参数 θ_i^P;

  End For

End For

算法 5.4 主要针对 Q 学习中的缺点,结合竞争网络和双 Q 学习解决过优化问题,以感知图像作为输入,利用深度卷积网络拟合双 Q 函数,通过其中一个 Q 值来选择无人机执行的规避动作,另一个 Q 值来更新网络参数。

5.5 基于强化学习的无人机规避决策控制实验验证

5.5.1 面向空中背景的无人机规避算法实验验证

1. 表格型 Q 空中规避学习算法验证

对于空中的规避问题,根据各个状态之间的转移关系,以及感知区域的 9 格划分,本书定义以下各状态之间转移产生的回报函数。依据人为经验,强制给定各个状态转移对应的离散动作。例如,由感知视野中左侧障碍物的距离由中距变近距,通过人为经验强制给定一个右滚转动作。根据人为经验,状态和动作对应的切换关系如下。

(1) 自吸收状态:障碍物的状态停留在一个自身状态 s_i,保持不变。

$$r = \begin{cases} 2000, & i = 0 \\ -200, & i = 1, 2, \cdots, 25 \end{cases} \tag{5.25}$$

(2) 单连通与目标之间状态切换:由单连通向目标状态切换,说明感知视野中没有障碍物;相反,由目标状态通向单连通状态切换,说明感知视野中出现远距离障碍物。

$$r = \begin{cases} 1000, & S_i \to S_0 \\ -1000, & S_0 \to S_i \end{cases} i = 1, 2, \cdots, 4, 6, 7, \cdots, 9 \tag{5.26}$$

(3) 单连通与单连通状态切换:由单连通向单连通状态切换,说明感知视野中障碍物没有发生重大变化,无人机执行动作为保距下的左右偏航以及升降。

$$r = -200, \quad S_i \to S_j; i, j = 1, 2, \cdots, 9, i \neq j \tag{5.27}$$

(4) 单连通与 2 连通状态切换:由单连通向 2 连通状态切换,说明感知视野中障碍物的距离由远距变中距;相反,由 2 连通状态通向单连通状态切换,说明感知视野中感知视野中障碍物的距离由中距变远距,无人机执行动作为远离障碍下的左右偏航以及升降。

$$r = \begin{cases} -300, & S_i \to S_j \\ 300, & S_j \to S_i \end{cases} \tag{5.28}$$

式中:(i,j) 为 $\{(1,10),(1,16),(2,18),(3,11),(3,20),(4,12),(6,13),(7,14),(7,17),(8,19),(9,15),(9,21)\}$。

（5）2 连通与 4 连通状态切换：由 2 连通向 4 连通状态切换，说明感知视野中障碍物的距离由中距变近距；相反，由 4 连通状态通向 2 连通状态切换，说明感知视野中感知视野中障碍物的距离由近距变中距，无人机执行动作为快速远离障碍下的左右偏航以及升降。

$$r=\begin{cases}-400, & S_i \to S_j \\ 400, & S_j \to S_i\end{cases} \qquad (5.29)$$

式中：(i,j) 为 $\{(10,22),(16,22),(11,23),(20,23),(14,24),(17,24),(15,25),(21,25)\}$。

无人机将从一个感知状态到另一个状态进行探索，直到它到达目标状态。我们将每一次探索作为一次经历，每一次经历包括智能体从初始状态到达目标状态的过程。每次无人机到达了目标状态，即实现规避，将会转向下一次探索，直到满足收敛条件。根据以上定义的回报函数，以及基本的表格型 Q 算法，本书对感知区域 9 格划分的问题，进行仿真实验。仿真实验结果如图 5.9 所示。本书针对不同的学习率，探索了 Q 收敛情况，从仿真结果看出，随着学习因子 α 增大，收敛速度加快，例如，学习因子 α 由 0.1 变化至 0.5，误差曲线明显变陡，平均收敛次数也相应减少。但是，α 由 0.5 变化至 1 区间内，误差曲线与平均收敛次数变化相应不明显。选择适当的学习因子可以加快学习速率，当误差收敛时，根据得到的收敛最优 Q 矩阵，当给定任意状态时，就可以根据状态以及 Q 矩阵得到动作序列。例如给定一个 4 邻域状态时，会产生的状态序列为：4 邻域—2 邻域—单邻域—目标状态，其动作序列快速远离障碍下的左右偏航以及升降—远离障碍下的左右偏航以及升降—左右偏航以及升降。具体左右或者升降，由状态的位置变化决定。

2. 基于执行器-评价器的无人机空中规避算法验证

1）实验平台与设计

本书采用半实物的仿真平台对本书提出的算法进行验证，所采用的半实物仿真平台如图 5.10 所示，该平台主要包括三个主要部分：仿真软件部分、控制站及飞控模块。本书采用 Xplane 提供无人机的飞机模型。

Xplane 作为一个商业的飞行器仿真软件，提供了大量的飞机模型，并可以模拟飞机的各种飞行环境。另外，Xplane 中存在各种视角模式，本书采用前向视角模式，模拟利用机载的前视摄像机，采集无人机的前视图像，用来提取视野中的障碍信息。控制站主要用于与无人机仿真平台、飞控模块进行数据通信，记录无人机的飞行状态数据以及图像传感器数据。飞行控制模块主要根据地面站提供的飞行数据和感知状态，对无人机的舵面进行控制，实现无人机的飞行控制。此半实物平台可以实现多架无人机的飞行平台控制，并能够对多机进行控制。

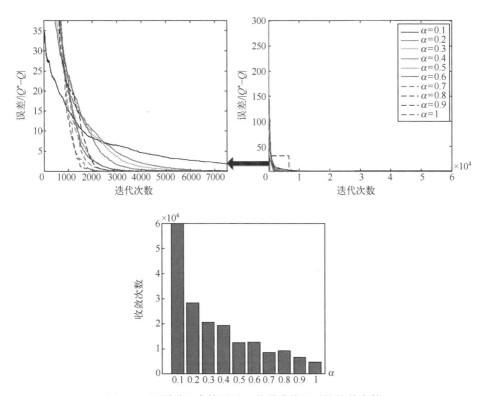

图 5.9　不同学习率情况下 Q 收敛曲线及平均收敛次数

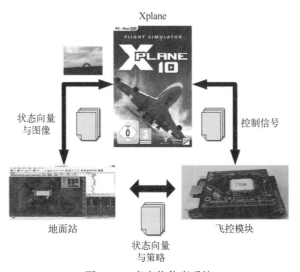

图 5.10　半实物仿真系统

2）实验结果与分析

为了验证 5.3.3 算法的有效性,本书需要进行仿真实验设计,得到一组可靠的分析数据。实验仿真数据的设计依据障碍物、无人机的相对位姿关系。

（1）障碍物图像滤波。

根据无人机视野中的障碍状态描述，假设障碍物在无人机视野中的扩张速率 $\dfrac{\mathrm{d}O_t}{\mathrm{d}t}=\rho$ 为一定值，为了验证滤波算法的有效性，本书设计了以下三种情形，描述障碍物的状态：

CASE 1 障碍物/威胁从无人机的视野中心方向飞向无人机，即状态变化为 $s_t=\{0,0,O_0+\rho\Delta t\}$；

CASE 2 障碍物/威胁以相对恒定的高度飞向无人机视野的左侧或右侧，即状态变化为 $s_t=\{u_0+\mu\Delta t,v,O_0+\rho\Delta t\}$；

CASE 3 障碍物/威胁以随机连续状态飞向无人机视野，即状态变化为 $s_t=\{u_0+\eta(t)\Delta t,v_0+\upsilon(t)t,O_0+\rho\Delta t\}$。

然而，在现实情况下不仅只有以上三种情况。为了便于验证算法框架，本书只选择三种情况作为研究对象。如图 5.11 所示的三种情况，针对观测中产生的障碍物图像坐标求解误差，本书利用卡尔曼滤波的方法来降低此误差。

为了模拟观测误差，在仿真实验中，在观测的障碍物状态中加入高斯噪声，从图 5.11 中可以看出 Measure 值存在较大的干扰。三种情况下，障碍物在无人机视野中的初始状态设定为 $s_0=\{50,45,1\}$。从实验曲线可以看出，初始时刻较大噪声的测量状态 Measure 值对于预测状态 KF 值存在一定给干扰，随之预测的状态逐渐收敛于参考状态 Ref 值。另外，从图 5.11（3-a/b/c）可以看出，滤波后，障碍物的状态图形变化趋于规律。

3）基于 AC 的规避控制验证试验

本实验中，半实物的系统提供了无人机的飞行状态，以及无人机的前视图像。当无人机的视野中出现障碍飞机时，本书利用第 3 章提出的图像显著性检测算法，获得无人机前视状态的障碍物状态向量。利用 Xplane 前向视野捕获的一批仿真数据，如图 5.12 所示。仿真环境较为真实地模拟了实际外场天空环境，显著性检测结果展示了障碍固定翼无人机由远及近的飞行过程。

根据滤波算法，障碍飞机的状态向量变化如图 5.13 所示，障碍飞机逐渐向无人机方向靠近，在视野中呈现"右—左—右"的运动过程，运动毫无规律。图中曲线表示了测量的障碍物的状态变化量与经过卡尔曼滤波得到的结果，从结果可以看出基于卡尔曼滤波的结果可以估计障碍物的图像坐标、物体像素大小的变化趋势，KF 值收敛于 Measure 值。本书中，无人机采用横向避让的机动动作，并且此规避过程是人为操纵的过程。通过人为设计该过程，并采集对应的状态及无人机姿态数据，以此作为验证 AC 网络的学习样本数据。

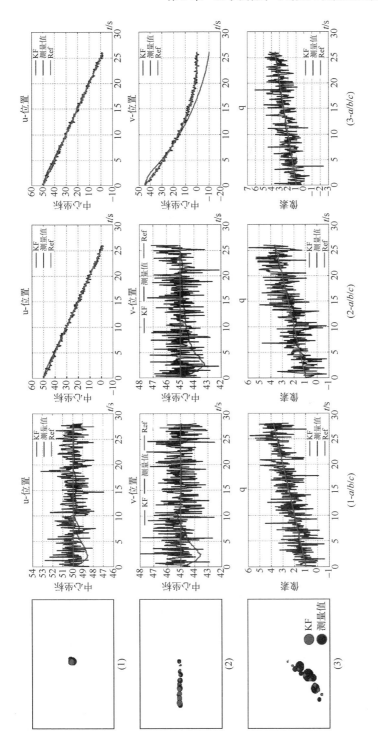

图 5.11　三种情形下的障碍状态预测仿真实验

图 5.12 仿真器 Xplane 模拟数据显著性检测结果

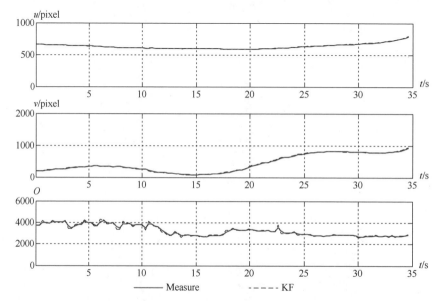

图 5.13 障碍目标随时间的状态变化测量值滤波值

在基于 AC 的框架中,算法依赖于许多的参数。在本书中,参数的初始化为 $\alpha_c = 0.01$,$\alpha_a = 0.02$,折扣因子 $\gamma = 0.01$,隐层神经元数目 $q = 5$。另外,在实验调参的过程中,RBF 神经网络中的中心向量和标准化常数对于网络的输出影响特别大。由于本书为离线算法验证,本书将中心向量的初始化为所有输入向量的均值,标准化常数为输入向量的协方差均值。

网络的输出为偏航与滚转角的参考角度,即 ψ_d 与 ϕ_d,无人机的初始角度为滚转角为 $\phi_0 = -3°$,偏航角度为 $\psi_0 = 2.5°$。如图 5.14 所示,参考角度为实际人为控制实现规避得到的结果,实验结果为经过 AC 网络得到的控制角度,由结果可以看出,该网络可以实现无人机的规避过程,但是由于输入向量的变化量是像素级,为较小量,而输出为较大量,网络参数更新时存在一定的误差,所以得到的控制角度与实际的控制角度存在一定误差。

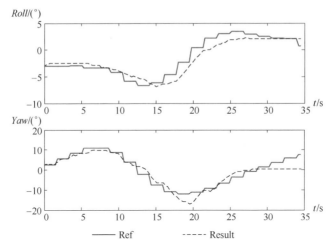

图 5.14　滚转角与偏航角随时间的真值与实验值

图 5.15 中表示在迭代训练中奖励值的收敛曲线。最大训练步长设置为 100 步，从奖励值曲线可以看出在 20 步时，奖励曲线达到最优值，实现收敛。经过 20 个迭代步之后，该网络可以学到无人机的规避策略。根据奖励的数学定义，可以看出奖励最小时，无人机感知的目标状态达到一个最小值。

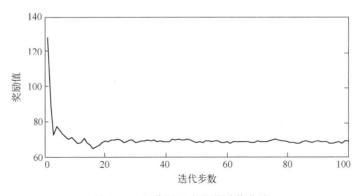

图 5.15　迭代过程中的奖励值曲线

▶ 5.5.2　面向森林背景的无人机规避算法验证

1. 表格型 Q 森林规避学习算法验证

与空中的规避问题类似，结合定义的状态，本书需要定义各状态之间转移产生的回报函数。与空中规避问题不同，由于存在三大类状态（目标状态、3 连通状态及 6 连通状态），因此森林规避问题中的状态切换模式主要存在：自吸收状态、3 连通状态与目标之间状态切换、3 连通与 3 连通状态切换及 3 连通与 6 连通状态切换。所以本节利用 5.5.3 节空规避中定义的回报函数(自吸收状态、单连通与目标之间状态切换、单连通与单连通状态切换及单连通与 2 连通状态切换)来解决森林规避的状态切换问题。仿真实验结果如图 5.16 所示。同样,本书针对不同的学习率,探索了 Q 收敛情况,结论与空中环境的规避情况一致,但是相比之下,由于状态空间维数的降低,减小了收敛的迭代次数。同样,根据收敛的 Q 矩阵可以获取最优的动作序列。

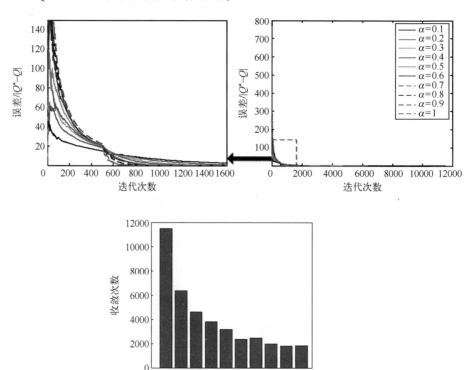

图 5.16   不同学习率情况下 Q 收敛曲线及平均收敛次数

2. 基于 Deep Q 的森林规避算法验证

为了阐明研究方法,本书主要针对复杂森林环境,利用森林数据库,其主要方法为利用 Q 学习的思路实现由连续图像状态到无人机的离散动作的映射关系。

1) 训练数据集构建

本书利用文献[122]发布的数据库,设计无人机在树林穿梭中所采取的反应式规避行为。假设无人机与环境进行交互,利用强化学习中的 Q 学习,从交互环境中选择某个动作,使得获取的奖励值最大。本书采用 Deep Learning Toolbox 中的卷积神经网络算法模块搭建了 Deep Q 学习的算法网络,总数据量如下:训练数据量为 5892 个图像数据,其中每个状态各 1964 张图像。

2) 动作、状态序列构建

对于本书采用的数据库,共有三类基本动作(向左转、向右转、中间直行),定义为 Action $= \{a_l, a_m, a_r\}$。无人机与环境交互获取的序列图像作为状态描述 $s_t, t = \Delta f, 2\Delta f, 3\Delta f, \cdots$,其中 Δf 为采样的频率。由于原始数据集一次采集三幅图像,因此对于当前时刻的图像状态 s_t,当采取某一基本动作时,下一时刻的图像状态 s_{t+1} 则是下一时刻动作对应的图像。

3) 评价函数设计

数据库在采集样本时,每个状态图像已经给定人为标定标签(即进行左、中、右分类),故本书在设计评价函数时,根据标注的标签设计评价函数,其定义为

$$r = \begin{cases} -1 & \text{if 选择错误动作} \\ 1 & \text{if 选择正确动作} \end{cases} \tag{5.30}$$

4) 网络设计

本书采用的深度 Q 估计网络结构定义如下:输入尺寸为 101×101×1;网络结构为

4×4×32−2×2×32−4×4×32−2×2×32−4×4×32−2×2×32−3×3×32−2×2×32−4×4×200−1×1×3−max

5) 结果分析

当存储器中的训练样本块数目小于 50 时,根据探索概率 $\varepsilon = 0.05$,随机选取动作值;当存储器中的训练样本块数目大于 50 时,每筛选一次动作,增加一组训练样本,每次随机选择 50 个训练样本进行训练,每次针对这组数据迭代训练步数为 100 步,得到不同折扣因子 γ 下的训练误差曲线,如图 5.17 所示。当折扣因子 $\gamma = 0.5$ 时,误差收敛速度较折扣因子 $\gamma = 0.1$ 快。针对本组实验数据,训练总步数为 19429 步,收敛误差最小为 0.005。根据收敛的网络,当有新的感知状态时,可以根据网络输出值的最大值来进行动作筛选。

3. 基于 3D Q 的森林规避算法验证

1) 环境搭建与说明

本节采用机器人操作系统(robot operating system,ROS)和 Gazebo 5.0 搭建仿真验证环境,如图 5.18(a)所示。仿真环境中包含障碍木桩、四旋翼无人机等,四旋翼无人机搭载有 RGB 相机、深度相机以及激光雷达系统,四旋翼无人机通过传感器(主要通过相机)获取感知信息与障碍环境完成交互。Gazebo 负责提供各种物理引擎,如四旋翼无人机的模型、各种传感器模型等,仿真环境主要通过自己添加模块来设计,并需要修改环境描述文件,以保证每次的仿真环境一致。

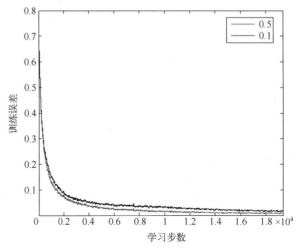

图 5.17　不同折扣因子下深度 Q 学习训练误差曲线

搭建的仿真实验环境为 20×20 的区域,其坐标定义如图 5.18(b)所示,环境中非均匀地布满 25 根木桩,四旋翼无人机每次的初始坐标为(-9,0,3),当四旋翼无人机飞过设置的红线区域($x=9.5$)时,定义为本次实验四旋翼无人机成功穿过障碍区域;若四旋翼无人机撞到木桩或者飞出实验区域,定义为本次实验失败。

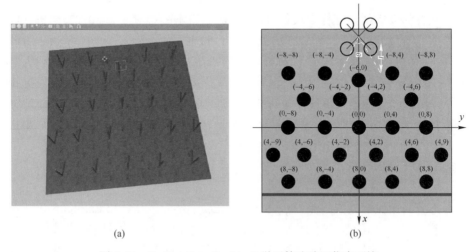

(a)　　　　　　　　　　　　　　(b)

图 5.18　Dueling Deep Double Q 学习算法验证仿真环境

整个仿真系统发布的话题数据如图 5.19 所示,其中/gazebo 主要提供各种物体的运动学和动力学参数,GazeboWorld Game 主要定义无人机进行规避时所需要的各种信息数据,以及实现 Dueling Deep Double Q 算法,为便于算法实现直接采用传感器获得的 depth 图像,以激光/scan 信息作为安全距离的检测,通过学习发布四旋翼的速度信息量/cmd_vel。四旋翼的动作空间设置为 $V_x = [1.5$ 2 $2.5]$ 以及 $V_y = [-1$ -0.5 0 0.5 $1]$,其中 x 方向的动作全为正值,以确保四旋翼运动趋势为前向运动,不同的前向速度值可以确保无人机快速通过该区域,而 y 方向的速度值存在正负两种情况,可以实现左右规避。

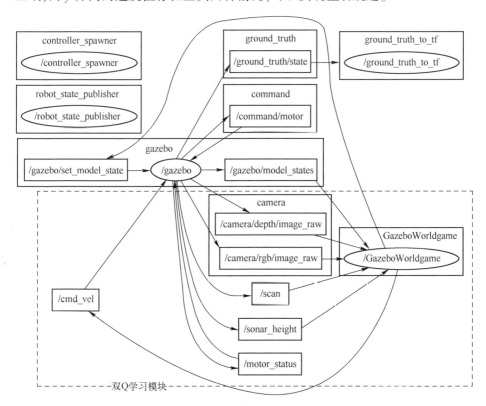

图 5.19　仿真环境中 ROS 节点关系示意图

2）评价函数定义

为了将双 Q 学习和竞争网络结构应用到无人机的规避问题中,本节结合第 4 章的深度估计算法,拟解决如下问题。

根据无人机所要完成的任务,把它的评价信号分为两个部分:一部分是根据无人机相对于障碍物距离所产生的评价值 r_O;另一部分是根据无人机相对于目标位置距离所得的评价值 r_E,最后总的评价信号是两者之和,即 $r = r_O + r_E$。

若无人机与目标位置的距离为 l_t^{UAV-E},无人机相对于目标点距离变化所存在的情况如下:

（1）无人机远离目标位置,即 $l_{t+1}^{UAV-E} > l_t^{UAV-E}$;

（2）无人机靠近目标位置,即 $l_{t+1}^{UAV-E} < l_t^{UAV-E}$;

（3）无人机与目标位置的距离保持不变，但未抵达，即 $l_{t+1}^{UAV-E} = l_t^{UAV-E} > 0$；

（4）无人机抵达目标位置，即 $l_{t+1}^{UAV-E} = l_t^{UAV-E} = 0$。

根据以上存在的情况，定义无人机与目标点的评价函数：

$$r_E = \begin{cases} \gamma/l_t^{UAV-E}, & \text{情况 1、2、3} \\ \gamma/l_t^{UAV-E} + 10000, & \text{情况 4} \end{cases} \quad (5.31)$$

根据无人机的探测距离 l，定义安全距离为 d_s，d_s 满足 $d_s \leqslant l$，若障碍物位于无人机的探测范围之内，无人机相对于障碍物距离为 l^{UAV-O}，存在的情况如下：

（1）无人机未碰撞障碍物，即 $d_s < l^{UAV-O} < l$；

（2）无人机碰撞障碍物，即 $0 \leqslant l^{UAV-O} \leqslant d_s$。

若无人机探测到与障碍物之间的距离为定义无人机与障碍物的关系评价函数：

$$r_E = \begin{cases} 0, & \text{情况 1} \\ -5000, & \text{情况 2} \end{cases} \quad (5.32)$$

3）实验结果分析

经过在线四旋翼无人机穿梭障碍实验，得到如图 5.20 所示的平均奖励曲线。经过近 48000 次训练后，奖励随着训练步数增加，奖励值收敛为最大值 2362800。得到的最大奖励值越来越大，四旋翼无人机成功穿过障碍区域的概率也越来越大。奖励值收敛后，说明无人机已经学习到最优的规避动作。

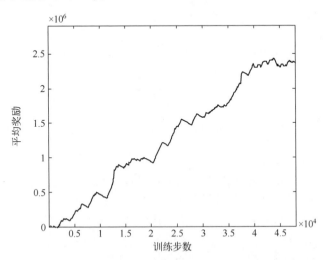

图 5.20　四旋翼无人机规避实验平均奖励曲线

为了便于展示四旋翼无人机成功穿梭障碍区域的飞行轨迹，图 5.21 选择了两条无人机的飞行轨迹与相应的实验环境：无人机成功飞行轨迹与失败飞行轨迹。从飞行轨迹与仿真结果可以看出，随着障碍物出现在无人机的感知视野中，无人机执行规避动作,其姿态发生偏转,其运动轨迹呈现避让趋势。

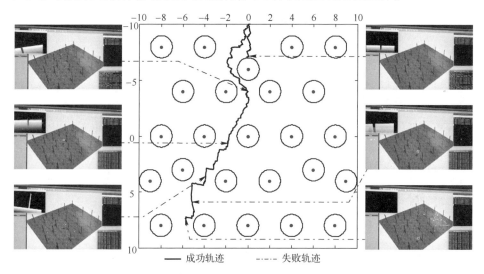

图 5.21　四旋翼无人机规避轨迹曲线与实验环境图

5.6　本 章 小 结

本章主要利用第 3、4 章对于环境感知的表征方法,结合无人机规避过程中对感知与动作的描述,分别结合强化学习理论中的 Q 学习与 Actor-Critic 学习方法框架结构,主要依靠离散数据库和在线仿真环境数据实现对于状态值函数的估计,提出了无人机单目感知的离散状态-离散规避动作、无人机单目感知的连续状态⇒离散规避动作以及无人机单目感知的连续状态⇒连续规避动作的映射关系实现算法,并针对不同算法开展了实验验证。

致　谢

衷心感谢我的导师沈林成教授，作为我学术研究的指引者，沈老师以其敏锐的眼光，关注整个学科的前沿方向，以其渊博的专业知识以及严谨的学术态度，为实验室工作指明了方向，为我指明了课题研究思路，使我能完成本书的撰写。其兢兢业业的工作作风和平易近人的生活态度一直让我深感敬佩。

感谢国防科技大学牛轶峰教授，谢谢您对我的学习、工作和生活等各个方面的关心和帮助。怀念一起加班工作的时光，让我在博士期间开拓了学术视野，更增加了我的人生阅历。您对于工作一丝不苟的作风，值得我敬佩和学习！

感谢中山大学胡天江教授，与您共处的时光里，亦师亦友，无论是生活还是工作，您给了我很多良好的建议与指导。仍记得一起探索机器鱼研究的有趣日子，您真正做到了"授人以鱼不如授人以渔"的言传身教，您教给我的科研方法和人生道理，将会一直指引我继续前进！

感谢国防科技大学相晓嘉、王祥科、张纪阳、尹栋、李杰、贾圣德、王菖、刘志宏、方强、周晗等老师的指导和照顾，感谢你们一直以来对我的关心，每一次的交流都开拓了我的研究思路，增加了科学研究的乐趣。

感谢在国防科技大学认识的挚友们，曾宇骏、王林、铁俊波、丛一睿、何振，感谢七年来兄弟之间的互相照顾，因为有你们的陪伴，科研之路不再孤单！

参 考 文 献

[1] BROOKS R A. Intelligence without representation[J]. Artificial intelligence,1991,47(1):139-159.

[2] JONES J L. Robot programming:a practical guide to behavior-based robotics[M]. New York:McGraw Hill,2004.

[3] "希腊海神"无人机用于评估探测、感知和规避:http://news.sohu.com/20061222/n247205927.shtml

[4] WINNEFELD J A,KENDALL F. Unmanned systems integrated roadmap FY2011-2036. Department of defence,United States of American[J],2017.

[5] 美海军无人机或安装防撞系统能感知规避其他飞机:http://www.huaxia.com/thjq/jsxw/gj/2010/10/2125948.html? riks

[6] 通用原子公司测试无人机自动防撞系统:http://www.sohu.com/a/167291773_175233

[7] 欧洲防务局将防撞系统纳入无人机空管系统[EB/OL]. (2017-03-10). http://www.sohu.com/a/128426050_358040.

[8] 澳大利亚"智能天空"推动有人和无人机空域分享:http://news.rfidworld.com.cn/2010_05/a8c5cb9deaa12630.html.

[9] 诺·格公司向广域海上监视无人机提供空中自动规避能力[EB/OL]. (2011-02-21). http://www.dsti.net/information/news/65328.

[10] ITT Exelis公司为美国海军持久感知网络提供支持[EB/OL]. (2012-11-29). http://www.dsti.net/information/news/79126.

[11] 刘秀. 美国海军计划在为MQ-4C无人机安装先进机载防撞系统[EB/OL]. (2018-01-22). http://www.81uav.cn/uav-news/201801/22/31210.html.

[12] YU X,ZHANG Y. Sense and avoid technologies with applications to unmanned aircraft systems:Review and prospects[J]. Progress in Aerospace Sciences,2015,74:152-166.

[13] 王杰,田宏安. 无人机融入非隔离空域感知与规避技术[J]. 指挥信息系统与技术,2017,8(1):27-32.

[14] 毕红哲,张洲宇,申功璋,等. 无人机感知与规避技术研究进展[J]. 电子测量与仪器学报,2016,30(5):661-668.

[15] 左青海,潘卫军,卓星宇,等. 无人机感知与避撞方法研究[J]. 装备制造技术,2016(11):65-69.

[16] 景晓年,梁晓龙,张佳强,等. 无人机感知避让技术分析[J]. 火力与指挥控制,2017,42(4):1-5.

[17] 李耀军,潘泉,杨峰,等. 基于多源信息融合的无人机感知与规避研究[C]//第二十九届中国控制会议论文集. 北京:北京航空航天大学出版社,2010:2861-2866.

[18] DEY D,GEYER C,SINGHS,et al. A cascaded method to detect aircraft in video imagery[J]. International Journal of Robotics Research,2011,30(12):1527-1540.

[19] OSBORNE R,BAR-SHALOM Y,WILLETT P,et al. Design of an Adaptive Passive Collision Warning System for UAVs[J]. IEEE Transactions on Aerospace and Electronic Systems,2009,47(3):2169-2189.

[20] LAI J,MEJIAS L,FORD J J,et al. Airborne Vision-Based Collision-Detection System[J]. Journal of Field Robotics,2011,28(2):137-157.

[21] CARNIE R,WALKER R,CORFE P. Image Processing Algorithms for UAV "Sense and Avoid" [C].
2006 IEEE International Conference on Robotics and Automation,2006:2848-2853.

[22] CHO S,HUH S,SHIM D H,et al. Vision-based detection and tracking of airborne obstacles in a cluttered
environment[J]. Journal of Intelligent and Robotic Systems,2013,69(1-4):475-488.

[23] MEJIAS L,MCNAMARA S,LAI J,et al. Vision-based detection and tracking of aerial targets for UAV
collision avoidance[C]. 2010 IEEE/RSJ International Conference on Intelligent Robots and Systems
(IROS),2010:87-92.

[24] SRINIVASAN M V,LEHRER M,KIRCHNER W H,et al. Range perception through apparent image
speed in freely flying honeybees[J]. Visual Neuroscience,1991,6:519-535.

[25] ZUFFEREY J C,FLOREANO D. Toward 30-gram autonomous indoor aircraft:Vision-based obstacle a-
voidance and altitude control[C]. Proceedings of the 2005 IEEE International Conference on Robotics
and Automation,2005:2594-2599.

[26] KENDOUL F,FANTONI I,NONAMI K. Optic flow-based vision system for autonomous 3D localization
and control of small aerial vehicles[J]. Robotics and Autonomous Systems,2009,57(6-7):591-602.

[27] ROSS S,MELIK-BARKHUDAROV N,SHANKAR K S,et al. Learning monocular reactive UAV control
in cluttered natural environments[C]. 2013 IEEE International Conference on Robotics and Automation
(ICRA),2013:1765-1772.

[28] FALLAVOLLITA P,CIMINI F,BALSI M,et al. A new bio-inspired decision chain for UAV sense-and-
avoid applications[C]. International Society for Optics and Photonics,2012,8454:84541Z.

[29] ERESEN A, İMAMOĞLU N, EFE M Ö. Autonomous quadrotor flight with vision-based obstacle
avoidance in virtual environment[J]. Expert Systems with Applications,2012,39(1):894-905.

[30] GERKE P K,LANGEVOORT J,LAGARDE S,et al. BioMAV:bio-inspired intelligence for autonomous
flight[C]. Proceedings of the International Micro Air Vehicle conference and competitions,2011:12-15.

[31] 戴碧霞. 基于光流的微小型飞行器室内避障方法研究[D]. 成都:电子科技大学,2015.

[32] DEY D,SHANKAR K S,ZENG S,et al. Vision and learning for deliberative monocular cluttered flight
[C]. Field and Service Robotics,2016:391-409.

[33] DAFTRY S,ZENG S,KHAN A,et al. Robust monocular flight in cluttered outdoor environments[J].
arXiv preprint arXiv:1604. 04779,2016.

[34] BARRY A J,TEDRAKE R. Pushbroom stereo for high-speed navigation in cluttered environments[C].
2015 IEEE International Conference on Robotics and automation,2015:3046-3052.

[35] SMOLYANSKIY N,KAMENEV A,SMITH J,et al. Toward low-flying autonomous MAV trail navigation
using deep neural networks for environmental awareness[J]. arXiv preprint arXiv:1705. 02550,2017.

[36] VAN HECKE K,DE CROON G,VAN DER MAATEN L,et al. Persistent self-supervised learning princi-
ple:From stereo to monocular vision for obstacle avoidance[J]. arXiv preprint arXiv:1603. 08047,2016.

[37] YANG S,KONAM S,MA C,et al. Obstacle avoidance through deep networks based intermediate percep-
tion[J]. arXiv preprint arXiv:1704. 08759,2017.

[38] ALVAREZ H,PAZ L M,STURM J,et al. Collision avoidance for quadrotors with a monocular camera[C].
Experimental Robotics,2016:195-209.

[39] 任耀庭. 基于超声波测距与图像信息相融合的旋翼无人机规避算法研究[D]. 成都电子科技大
学,2016.

[40] OHYA I,KOSAKA A,KAK A. Vision-based navigation by a mobile robot with obstacle avoidance using
single-camera vision and ultrasonic sensing[J]. IEEE Transactions on Robotics and Automation,1998,14

(6):969-978.

[41] ACHTELIK M,ACHTELIK M,WEISS S,et al. Onboard IMU and monocular vision based control for MA-Vs in unknown in-and outdoor environments[C]. 2011 IEEE International Conference on Robotics and Automation,2011:3056-3063.

[42] Al-KAFF A,GARCÍA F,MARTÍN D,et al. Obstacle detection and avoidance system based on monocular camera and size expansion algorithm for UAVs[J]. Sensors,2017,17(5):1061.

[43] 庄瞳. 单目视觉/惯性室内无人机自主导航算法研究[D]. 南京:南京航空航天大学,2012.

[44] LIN Y,SARIPALLI S. Sense and avoid for Unmanned Aerial Vehicles using ADS-B[C]. 2015 IEEE International Conference on Robotics and Automation,2015:6402-6407.

[45] RAMASAMY S,SABATINI R,GARDI A. Avionics sensor fusion for small size unmanned aircraft sense-and-avoid[C]. 2014 IEEE Metrology for Aerospace,2014:271-276.

[46] SALAZAR L R,SABATINI R,RAMASAMY S,et al. A novel system for non-cooperative UAV sense-and-avoid[C]. Proceedings of European Navigation Conference,2013.

[47] TIRRI A E,FASANO G,ACCARDO D,et al. Advanced sensing issues for UAS collision avoidance[C]. Proceedings of the 2nd International Conference on Application and Theory of Automation in Command and Control Systems. IRIT Press,2012:12-19.

[48] FORLENZA L,FASANO G,ACCARDO D,et al. UAS collision avoidance system:multi-sensor tracking results[C]. Proceedings of the 1st International Conference on Application and Theory of Automation in Command and Control Systems,2011:107-118.

[49] CLARK M,PRAZENICA R J. Vision-Based Proportional Navigation for UAS Collision Avoidance[J]. AIAA Infotech@ Aerospace, 2016:1986.

[50] WATANABE Y,CALISE A,JOHNSON E. Vision-based obstacle avoidance for UAVs[C]. AIAA Guidance,Navigation and Control Conference and Exhibit,2007:6829.

[51] SASONGKO R A,RAWIKARA S S,TAMPUBOLON H J. UAV Obstacle Avoidance Algorithm Based on Ellipsoid Geometry[J]. Journal of Intelligent & Robotic Systems,2017,88(2-4):567-581.

[52] LANGELAAN J,ROCK S. Towards autonomous UAV flight in forests[C]. AIAA Guidance,Navigation, and Control Conference and Exhibit,2005:5870.

[53] XIONG Z Y,YANG X X,ZHANG Y,et al. Study on Dynamic Guidance Obstacle Avoidance of UAV based on the Minimum Angle Shift[J]. International Journal of Security and Its Applications,2016,10(3):393-404.

[54] CLARK M,PRAZENICA R J. Proportional Navigation Based Guidance Laws for UAV Obstacle Avoidance in Complex Urban Environments[J]. AIAA Information Systems-AIAA Infotech@Aerospace,2017:0672.

[55] LANGELAAN J,ROCK S. Navigation of small UAVs operating in forests[C]. AIAA Guidance,Navigation,and Control Conference and Exhibit,2004:5140.

[56] ZHU L,CHENG X,YUAN F G. A 3D collision avoidance strategy for UAV with physical constraints[J]. Measurement,2016,77:40-49.

[57] ZSEDROVITS T,ZARANDY A,VANEK B,et al. Estimation of relative direction angle of distant,approaching airplane in sense-and-avoid[J]. Journal of Intelligentand Robotic Systems,2013,69(1-4):407-415.

[58] PRADIPTA LIE F A,Go T H. Reconfiguration Control with Collision Avoidance Framework for Unmanned Aerial Vehicles in Three-Dimensional Space[J]. Journal of Aerospace Engineering,2011,26(3):637-645.

[59] CHEN X I A,El KAMEL A. A reinforcement learning method of obstacle avoidance for industrial mobile vehicles in unknown environments using neural network[C]. Proceedings of the 21st International Conference on Industrial Engineering and Engineering Management,2015:671-675.

[60] FU C,OLIVARES-MENDEZ M A,Suarez-Fernandez R,et al. Monocular visual-inertial slam-based collision avoidance strategy for fail-safe uav using fuzzy logic controllers[J]. Journal of Intelligent and Robotic Systems,2014,73(1-4):513-533.

[61] HRABAR S. Reactive obstacle avoidance for rotorcraft uavs[C]. 2011 IEEE/RSJ International Conference on Intelligent Robots and Systems,2011:4967-4974.

[62] PADHI R,TRIPATHI A K,RAJA R G. Reactive Collision Avoidance of UAVs withStereovision Sensing [R]. Indian Inst of Science Bangalore,2014.

[63] MARZAT J,BERTRAND S,EUDES A,et al. Reactive MPC for autonomous MAV navigation in indoor cluttered environments:Flight experiments[J]. IFAC-Papers OnLine,2017,50(1):15996-16002.

[64] KAHN G,ZHANG T,LEVINE S,et al. Plato:Policy learning using adaptive trajectory optimization[C]. 2017 IEEE International Conference on Robotics and Automation,2017:3342-3349.

[65] MUJAHED M,FISCHER D,MERTSCHING B. Tangential Gap Flow (TGF) navigation:A new reactive obstacle avoidance approach for highly cluttered environments[J]. Robotics and Autonomous Systems, 2016,84:15-30.

[66] LIU Z,CIARLETTA L,YUAN C,et al. Path following control of unmanned quadrotor helicopter with obstacle avoidance capability[C]. 2017 International Conference on Unmanned Aircraft Systems,2017:304-309.

[67] YU H,SHARMA R,BEARD R W,et al. Observability-based local path planning and obstacle avoidance using bearing-only measurements[J]. Robotics and Autonomous Systems,2013,61(12):1392-1405.

[68] DEITS R,TEDRAKE R. Efficient mixed-integer planning for UAVs in cluttered environments[C]. 2015 IEEE International Conference on Robotics and Automation,2015:42-49.

[69] YANG K,SUKKARIEH S. 3D smooth path planning for a UAV in cluttered natural environments[C]. IEEE/RSJ International Conference on Intelligent Robots and Systems,2008:794-800.

[70] OLIVARES-MENDEZ M A,MEJIAS L,CAMPOY P,et al. Cross-entropy optimization for scaling factors of a fuzzy controller:A see-and-avoid approach for unmanned aerial systems[J]. Journal of Intelligent and Robotic Systems,2013,69(1-4):189-205.

[71] Go,F. A. P. L. T. H. Reconfiguration Control with Collision Avoidance Framework for Unmanned Aerial Vehicles in Three-Dimensional Space[J]. Journal of Aerospace Engineering,26:637-645.

[72] OLIVARES-MENDEZ M A,MEJIAS L. Cross-Entropy Optimization for Scaling Factors of a Fuzzy Controller:A See-and-Avoid Approach for Unmanned Aerial Systems[J]. Journal of Intelligent Robot System,69:189-205.

[73] ZSEDROVITS T,ZARANDYA,VANEK B,et al. Estimation of Relative Direction Angle of Distant,Approaching Airplane in Sense-and-Avoid[J]. Journal of Intelligent Robot System,2013,69(1):407-415.

[74] MELEGA M,LAZARUS S,SAVVARIS A,et al. Multiple Threats Sense and Avoid Algorithm for Static and Dynamic Obstacles[J]. Journal of Intelligent Robot System,2015,77(1):215-228.

[75] YANN L,YOSHUA B,GEOFFEY H. Deep learning[J]. Nature,2015,521(7553):436.

[76] GOODFELLOW I,BENGIO Y,COURVILLE A,et al. Deep learning[M]. Cambridge:MIT press,2016.

[77] SCHMIDHUBER J. Deep learning in neural networks:An overview[J]. Neural networks,2015,61:85-117.

[78] DENG L,YU D. Deep learning:methods and applications[J]. Foundations and Trends ® in Signal Processing,2014,7(3-4):197-387.

[79] LEE H,PHAM P,LARGMAN Y,et al. Unsupervised feature learning for audio classification using convolutional deep belief networks[C]. Advances in Neural Information Processing Systems,2009:1096-1104.

[80] SUN Y,CHEN Y,WANG X,et al. Deep learning face representation by joint identification-verification [C]. Advances in Neural Information Processing Systems,2014:1988-1996.

[81] DENG L,HINTON G,KINGSBURY B. New types of deep neural network learning for speech recognition and related applications:An overview[C]. 2013 IEEE International Conference on Acoustics,Speech and Signal Processing,2013:8599-8603.

[82] TAI L,LIU M. Deep-learning in mobile robotics-from perception to control systems:A survey on why and why not[J]. arXiv preprint arXiv:1612.07139,2016.

[83] SUTTON R S,BARTO A G. Reinforcement learning:An introduction[M]. Cambridge:MIT press,1998.

[84] KAELBLING L P,LITTMAN M L,MOORE A W. Reinforcement learning:A survey[J]. Journal of Artificial Intelligence Research,1996,4:237-285.

[85] BUSONIU L,BABUSKA R,DE SCHUTTER B,et al. Reinforcement learning and dynamic programming using function approximators[M]. CRC press,2010.

[86] KOBER J,PETERS J. Reinforcement learning in robotics:A survey[M]. Reinforcement Learning. Springer,Berlin,Heidelberg,2012:579-610.

[87] SZEPESVÁRI C. Algorithms for reinforcement learning[J]. Synthesis Lectures on Artificial Intelligence and Machine Learning,2010,4(1):1-103.

[88] Uchibe,Eiji,et al. Vision-Based Reinforcement Learning for RoboCup:Towards Real Robot Competition [C]. Proceeding of International Conference on Intelligent Robots and Systems,1996,96.

[89] ASADA M,UCHIBE E,HOSODA K. Cooperative behavior acquisition for mobile robots in dynamically changing real worlds via vision-based reinforcement learning and development[J]. Artificial Intelligence, 1999,110(2):275-292.

[90] ASADA M,NODA S,TAWARATSUMIDA S,et al. Vision-based reinforcement learning for purposive behavior acquisition[C]. IEEE International Conference on Robotics and Automation,1995,1:146-153.

[91] ASADA M,UCHIBE E,NODA S,et al. Coordination of multiple behaviors acquired by a vision-based reinforcement learning[C]. Proceeding of International Conference on Intelligent Robots and Systems, 1994,2:917-924.

[92] KOUTNÍK J,SCHMIDHUBER J,GOMEZ F. Evolving deep unsupervised convolutional networks for vision-based reinforcement learning[C]. Proceedings of the 2014 Conference on Genetic and Evolutionary Computation. ACM,2014:541-548.

[93] CUCCU G,LUCIW M,SCHMIDHUBER J,et al. Intrinsically motivated neuroevolution for vision-based reinforcement learning[C]. IEEE International Conference on Development and Learning,2011,2:1-7.

[94] WANG C,HINDRIKS K V,BABUSKA R. Active learning of affordances for robot use of household objects [C]. 14th IEEE-RAS International Conference on Humanoid Robots (Humanoids),2014:566-572.

[95] SHIBATA K,IIDA M. Acquisition of box pushing by direct-vision-based reinforcement learning[C]. IEEE Annual Conference on SICE ,2003,3:2322-2327.

[96] ZAMORA I,LOPEZ N G,VILCHES V M,et al. Extending the OpenAI Gym for robotics:A toolkit for reinforcement learning using ROS and Gazebo[J]. arXiv preprint arXiv:1608.05742,2016.

[97] LI Y. Deep reinforcement learning:An overview[J]. arXiv preprint arXiv:1701.07274,2017.

[98] 赵冬斌,邵坤,朱圆恒,等. 深度强化学习综述:兼论计算机围棋的发展[J]. 控制理论与应用, 2016,33(6):701-717.

[99] MNIH V,KAVUKCUOGLU K,SILVER D,et al. Playing atari with deep reinforcement learning[J]. arXiv preprint arXiv:1312.5602,2013.

[100] LAMPLE G,CHAPLOT D S. Playing FPS Games with Deep Reinforcement Learning[C]. AAAI,2017: 2140-2146.

[101] MNIH V,KAVUKCUOGLU K,SILVER D,et al. Human-level control through deep reinforcement learning[J]. Nature,2015,518(7540):529.

[102] LILLICRAP T P,HUNT J J,PRITZEL A,et al. Continuous control with deep reinforcement learning[J]. arXiv preprint arXiv:1509.02971,2015.

[103] VAN HASSELT H,GUEZ A,SILVER D. Deep Reinforcement Learning with Double Q-Learning[C]. AAAI,2016,16:2094-2100.

[104] DUAN Y,CHEN X,HOUTHOOFT R,et al. Benchmarking deep reinforcement learning for continuous control[C]. International Conference on Machine Learning. 2016:1329-1338.

[105] MNIH V,BADIA A P,MIRZA M,et al. Asynchronous methods for deep reinforcement learning[C]. International Conference on Machine Learning,2016:1928-1937.

[106] BALDUZZI D,GHIFARY M. Compatible value gradients for reinforcement learning of continuous deep policies[J]. arXiv preprint arXiv:1509.03005,2015.

[107] WANG Z,SCHAUL T,HESSEL M,et al. Dueling network architectures for deep reinforcement learning [J]. arXiv preprint arXiv:1511.06581,2015.

[108] CHAE H,KANG C M,KIM B D,et al. Autonomous Braking System via Deep Reinforcement Learning [J]. arXiv preprint arXiv:1702.02302,2017.

[109] SALLAB A E L,ABDOU M,PEROT E,et al. Deep reinforcement learning framework for autonomous driving[J]. Electronic Imaging,2017,2017(19):70-76.

[110] 夏伟,李慧云. 基于深度强化学习的自动驾驶策略学习方法[J]. 集成技术,2017,6(3):29-40.

[111] POLVARA R,PATACCHIOLA M,SHARMA S,et al. Autonomous Quadrotor Landing using Deep Reinforcement Learning[J]. arXiv preprint arXiv:1709.03339,2017.

[112] WALDOCK A,GREATWOOD C,SALAMA F,et al. Learning to Perform a Perched Landing on the Ground Using Deep Reinforcement Learning[J]. Journal of Intelligent and Robotic Systems,2017: 1-20.

[113] CHEN Y F,LIU M,EVERETT M,et al. Decentralized non-communicating multiagent collision avoidance with deep reinforcement learning[C]. 2017 IEEE International Conference on Robotics and Automation, 2017:285-292.

[114] XIE L,WANG S,MARKHAM A,et al. Towards Monocular Vision based Obstacle Avoidance through Deep Reinforcement Learning[J]. arXiv preprint arXiv:1706.09829,2017.

[115] TAI L,PAOLO G,LIU M. Virtual-to-real deep reinforcement learning:Continuous control of mobile robots for mapless navigation[C]. Intelligent Robots and Systems,2017:31-36.

[116] LANGE S,RIEDMILLER M. Deep auto-encoder neural networks in reinforcement learning[C]. The 2010 International Joint Conference on Neural Networks,2010:1-8.

[117] ZHANG D,MAEI H,WANG X,et al. Deep reinforcement learning for visual object tracking in videos [J]. arXiv preprint arXiv:1701.08936,2017.

[118] HAUSKNECHT M,STONE P. Deep reinforcement learning in parameterized action space[J]. arXiv

preprint arXiv:1511. 04143,2015.

[119] FINN C,TAN X Y,DUAN Y,et al. Deep spatial autoencoders for visuomotor learning[C]. 2016 IEEE International Conference on Robotics and Automation,2016:512−519.

[120] HIGGINS I,MATTHEY L,GLOROT X,et al. Early visual concept learning with unsupervised deep learning[J]. arXiv preprint arXiv:1606. 05579,2016.

[121] WATTER M,SPRINGENBERG J,BOEDECKER J,et al. Embed to control:A locally linear latent dynamics model for control from raw images[C]. Advances in neural information processing systems,2015: 2746−2754.

[122] LEE A X,LEVINE S,ABBEEL P. Learning visual servoing with deep features and fitted q−iteration[J]. arXiv preprint arXiv:1703. 11000,2017.

[123] GIUSTI A,GUZZI J,CIREŞAN D C,et al. A machine learning approach to visual perception of forest trails for mobile robots[J]. IEEE Robotics and Automation Letters,2016,1(2):661−667.

[124] KAHN G,VILLAFLOR A,PONG V,et al. Uncertainty−aware reinforcement learning for collision avoidance[J]. arXiv preprint arXiv:1702. 01182,2017.

[125] GANDHI D,PINTO L,GUPTA A. Learning to fly by crashing[J]. arXiv preprint arXiv:1704. 05588, 2017.

[126] KELCHTERMANS K,TUYTELAARS T. How hard is it to cross the room? —Training Recurrent Neural Networks to steer a UAV[J]. arXiv preprint arXiv:1702. 07600,2017.

[127] KELCHTERMANS K,TUYTELAARS T. DoShiCo:a Domain Shift Challenge for Control[J]. arXiv preprint arXiv:1710. 09860,2017.

[128] KIM D K,CHEN T. Deep neural network for real−time autonomous indoor navigation[J]. arXiv preprint arXiv:1511. 04668,2015.

[129] CHAKRAVARTY P,KELCHTERMANS K,ROUSSEL T,et al. CNN−based single image obstacle avoidance on a quadrotor[C]. 2017 IEEE International Conference on Robotics and Automation,2017:6369− 6374.

[130] ITTI L,KOCH C,NIEBUR E. A model of saliency−based visual attention for rapid scene analysis[J]. TPAMI,1998,20(11):1254−1259.

[131] SEO H. J.,MILANFAR P. Static and space−time visual saliency detection by self−resemblance[J]. Journal of Vision,2009,9(12):15−15.

[132] MURRAY N,VANRELL M,OTAZU X,et al. Saliency estimation using a non−parametric low−level vision model[C]. IEEE Conference on Computer Vision and Pattern Recognition,2011:433−440.

[133] HOU X,ZHANG L. Saliency detection:A spectral residual approach[C]. IEEE Conference on Computer Vision and Pattern Recognition,2007:1−8.

[134] HOU X,HAREL J,KOCH C. Image signature:Highlighting sparse salient regions[J]. IEEE Transactions on Pattern Analysis and Machine Intelligence,2012,34(1):194−201.

[135] ZHANG L,TONG M H,MARKS T K,et al. SUN:A Bayesian framework for saliency using natural statistics[J]. Journal of Vision,2008,8(7):32−32.

[136] GABARDA S,CRISTÓBAL G. Blind image quality assessment through anisotropy[J]. Journal of the Optical Society of America A,2007,24(12):B42−B51.

[137] 徐德,谭民,李原. 机器人视觉测量与控制[M]. 北京:国防工业出版社,2008.

[138] 王永明,王贵锦. 图像局部不变性特征与描述[M]. 北京:国防工业出版社,2010.

[139] KARSCH,K,LIU,C,KANG S B. Depth extraction from video using non−parametric sampling[C]. Eu-

ropean Conference on Computer Vision. 2012:775-788.

[140] LADICKY L,SHI J,et al. Pulling things out of perspective[C]. Proceedings of the IEEE Conference on Computer Vision and Pattern Recognition,2014.

[141] EIGEN D,PUHRSCH C,FERGUS R. Depth map prediction from a single image using a multi-scale deep network[C]. Advances in neural information processing systems,2014:2366-2374.

[142] LIU F,SHEN C,LIN G. Deep convolutional neural fields for depth estimation from a single image[C]. Proceedings of the IEEE Conference on Computer Vision and Pattern Recognition,2015:5162-5170.

[143] LAINA I,RUPPRECHT C,BELAGIANNIS V,et al. Deeper depth prediction with fully convolutional residual networks[C]. 2016 Fourth International Conference on 3D Vision,2016:239-248.

[144] RANFTL R,VINEET V,CHEN Q,et al. Dense monocular depth estimation in complex dynamic scenes [C]. Proceedings of the IEEE Conference on Computer Vision and Pattern Recognition,2016:4058-4066.

[145] ARGALL B D,CHERNOVA S,VELOSO M,BROWNING B. A survey of robot learning from demonstration[J]. Robotics and Autonomous Systems,2009:1-15.

[146] ABBEEL P,NG A Y. Apprenticeship learning via inverse reinforcement learning[C]. Proceedings of the twenty-first international conference on Machine learning,2004:1.

[147] MatConvNet:CNNs for MATLAB[EB/OL]. [引用日期]. http://www.vlfeat.org/matconvnet/.

[148] US Department of Transportation,Airplane Flying Handbook[M]. Skyhorse Publishing Inc.,2011. FAA-H-8083-3A,2004.

[149] WATKINS C J CH,DAYAN P. Q-learning[J]. Machine learning,1992,8(3):279-292.